從零開始徹底學習！

Photoshop
超完美入門

CC 適用
Windows & Mac 適用

Yumi Makino 著

暢銷
第 **2** 版

本書使用的版本

Photoshop CC 2021

本書內容是依「Photoshop CC 2021」版本編寫，適用 CC 所有版本，但面板及選單的項目名稱、配置位置等可能因 Photoshop 的版本而有些許出入。

下載範例檔案

以下網址可以下載本書範例檔案。

網址　http://books.gotop.com.tw/download/ACU083100

※ 關於範例檔案的著作權請參考本書 p.247。

裝幀	新井大輔
封面照片	川內章弘
內文設計、排版	Kunimedia(股)公司
表4及書內同一照片	Ekaterina Pokrovsky/Shutterstock.com
	Pitcha/Shutterstock.com
	Sunny studio/Shutterstock.com
	Andrekart Photography/Shutterstock.com
	Vadim Georgiev/Shutterstock.com
	（依照表4由上到下的顯示順序）
編輯	岡本晋吾

Photoshop SHIKKARI NYUMON ZOHO KAITEI DAI 2 HAN【CC KANZEN TAIO】[Mac & WindowsTAIO]
Copyright © 2018 Yumi Makino
Original Japanese edition published in 2018 by SB Creative Corp.
Chinese translation rights in complex characters arranged with SB Creative Corp.,
through Japan UNI Agency, Inc., Tokyo

序

我是一名獲得 Adobe 認證的講師，主要負責講授大家想學習的 Photoshop。到目前為止，我遇過很多聽講者，其中表示「我想學好 Photoshop！」的人確實不在少數。而我每天就是在幫助這些想盡快、有效率地學會 Photoshop 的人，達成他們的目的。

這本書非常適合想開始學習 Photoshop 的初學者閱讀，書中詳細解說了每個步驟，能讓讀者們輕鬆學會 Photoshop 的技巧。此外，我也根據個人的講師經驗，點出「想學好 Photoshop 的人」容易陷入的瓶頸，並且竭盡所能地扼要整理「大家想瞭解的重點」。

初學者請先從 Lesson1 開始讀起，依照課程安排，按部就班地看下去，就可以扎實學會 Photoshop 的基本操作。建議你一邊閱讀，一邊實際動手操作，才能加深理解程度。

這本書還整理了各個項目的重點，讓讀者可以視狀況反覆閱讀。看過一遍，就能掌握整個 Photoshop 概況的人，也可以按照目的來參考想瞭解的內容，藉此複習基本操作。花時間練習是學好 Photoshop 的不二法門。請務必將此原則發揮在提升個人的 Photoshop 技巧上。

我在完成這本書的過程中，受到許多人的支援與幫助，在此致上誠摯的謝意。今後我將努力追求進步，以期能提供更多有用的資料給各位。

若這本書能讓許多人覺得「Photoshop 真有趣！」我將深感榮幸。期盼 Photoshop 能成為對各位而言，簡單、有趣、方便實用的工具。

Yumi Makino

Contents

Lesson · 1

Photoshop 的基本知識

5 分鐘學會 Photoshop 的概要與數位影像的基本原則

本章將簡單介紹影像編修軟體「Photoshop」的畫面結構與概要。從未接觸過 Photoshop 的人或是希望能打好數位影像基礎的人，請務必仔細閱讀這一章的內容。

Photoshop 是什麼？

以下將簡單介紹 Photoshop 的概要與工作區的構成元素，請確實掌握 Photoshop 的特色。

Photoshop 是影像編修軟體

Photoshop 是 Adobe Systems 公司開發、銷售的影像編修軟體。

Photoshop 這套軟體的功能十分強大，操作方法卻很簡單、簡潔，只要學會基本的操作方法與數位影像編輯的基礎，馬上就可以進行各種加工與編修。

Photoshop 的運用範圍很廣，以影像編修為主，可以使用於以下情況。

- ▶ 數位影像加工與編輯
- ▶ 相片編修（影像的修改與調整）
- ▶ 影像合成
- ▶ 插畫
- ▶ 平面設計
- ▶ 網頁設計

從簡易編修到製作商用高品質印刷檔案等各種品質的操作，Photoshop 都可以執行。因此，Photoshop 是編輯影像時，不可或缺的重要軟體之一。

Photoshop 一點都不難

Photoshop 提供了大量按鈕及設定項目，所以頭一次看到 Photoshop 畫面的人，可能會覺得「好像很難」。

請別擔心，剛開始學習時，可能因為不曉得「操作要領」，而無法按照自己的想法來操作，但是只要仔細閱讀本書，一步一步操作下去，就會習慣了。

你並不需要瞭解 Photoshop 的完整功能，要徹底學會所有功能是件辛苦的事而且也不太可能，只要秉持著，依想完成的內容來學習必要功能的想法，反而能輕鬆學會。

圖1 Photoshop 是由 Adobe Systems 開發、銷售的影像編修軟體，有時也稱作「繪圖類軟體」。

圖2 這個範例使用 Photoshop 合成了兩張影像。

圖3 這個範例使用了 Photoshop 設計版面。

🌀 Photoshop 的工作區

在解說 Photoshop 的具體用法之前，先來介紹 Photoshop 的構成元素。請先記住每個部分的名稱，下一節開始將使用這些名稱來說明。

Photoshop 的工作區大致可以分成 6 個區域，如下表所示。

● Photoshop 的工作區構成元素

名稱	概要
選單列	包含執行開新檔案或儲存檔案等基本操作，以及針對文件視窗中的影像，進行各種處理的項目。
工具列	整合 Photoshop 可以使用的各種工具（**p.10**）。
選項列	在工具列選取的「工具」可以在這裡設定相關選項。顯示在選項列的內容會隨著選取中的工具而自動改變。
面板（面板停駐區）	整合影像加工、編輯、管理等相關功能，把高關聯性的功能整合在一個面板中（**p.14**）。除了可以切換顯示或隱藏面板，還能將面板圖示化。
文件視窗	這是顯示處理中影像的區域。按一下視窗上面的「文件標籤」進行切換，就可以在開啟多個影像的狀態下，切換處理中的影像。
狀態列	這個區域可以確認顯示在文件視窗中的影像檔案資料（大小及解析度等）。

選單列　選項列　文件標籤　面板停駐區

工具列　狀態列　文件視窗　面板

工具列的基本操作

Photoshop 的影像編輯大多都是以「工具列」為操作起點。因此,一開始先學會基本的操作方法,是非常重要的事情。

🔵 工具的種類

Photoshop 提供約 **67 種工具**(數量會隨著使用版本而有些不同)。此外,所有的工具都收藏在工具列中。請實際啟動 Photoshop 進行確認。

可能有人聽到 67 種會覺得數量很多,但是其中有許多工具的用法類似,還有部分工具較少使用,因此要記住的數量並沒有那麼多。

🔵 工具列的結構

工具列依照「工具的作用」,可以分成四大區域。

請先掌握這幾個大分類。

❶ 選取、裁切、收集資料類工具
❷ 繪圖、編修類工具
❸ 繪畫類工具
❹ 畫面顯示類工具

在工具圖示的右下角若有「◢」標誌的部分❺,只要長按該圖示,就可以切換相同群組中的其他工具。利用這種結構,在只能顯示前面 20 種工具的工具列中就可以管理 67 種工具。

🔵 切換顯示工具列

按下工具列左上方的「»」按鈕,可以將面板的顯示方式從一排切換成兩排❻。同樣地,按下「«」按鈕,可以由兩排切換成一排。

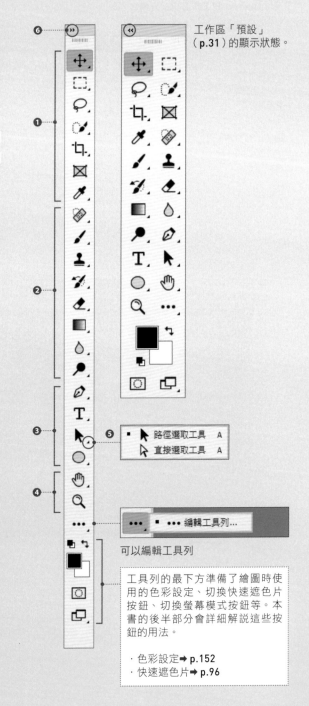

工作區「預設」(**p.31**)的顯示狀態。

❺
| ▪ ▶ 路徑選取工具 | A |
| ▸ 直接選取工具 | A |

••• ▪ ••• 編輯工具列…

可以編輯工具列

工具列的最下方準備了繪圖時使用的色彩設定、切換快速遮色片按鈕、切換螢幕模式按鈕等。本書的後半部分會詳細解說這些按鈕的用法。

· 色彩設定➡ p.152
· 快速遮色片➡ p.96

☑ 工具列清單

在此要簡單介紹 Photoshop 提供的各種工具，這個階段你還不必記住所有工具的名稱和功能，只要概略瀏覽，瞭解有哪些工具即可，之後在執行各種操作的過程中，可依需要再回頭翻閱本頁。

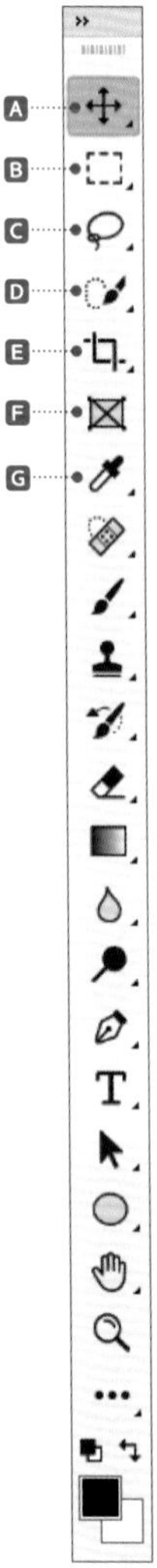

● 選取、裁切、收集資料類工具

圖示	工具名稱	概要	快速鍵
⊹	移動工具	移動圖層、選取範圍內的影像、參考線等	V
ᵇ	工作區域工具	建立工作區	V
⬚	矩形選取畫面工具	建立矩形選取範圍	M
○	橢圓選取畫面工具	建立橢圓形選取範圍	M
⋯	水平單線選取畫面工具	建立高度為 1 像素的水平選取範圍	無
⋮	垂直單線選取畫面工具	建立寬度為 1 像素的垂直選取範圍	無
ρ	套索工具	拖曳操作的軌跡會變成選取範圍	L
ϑ	多邊形套索工具	按一下建立頂點，再依序按一下建立選取範圍	L
ϗ	磁性套索工具	拖曳滑鼠，可以沿著影像邊緣建立選取範圍	L
⌀	快速選取工具	使用圓形筆刷，自動偵測顏色，建立選取範圍	W
⚲	魔術棒工具	把與按下滑鼠左鍵位置的相似色選取起來	W
⬚	物件選取工具	在定義的區域裡尋找並自動選取物件	W
ᵗ	裁切工具	裁切影像	C
⬚	透視裁切工具	調整遠近感並裁切	C
⌀	切片工具	分割成網頁用影像	C
⌀	選取切片工具	選取切片後的影像	C
⊠	邊框工具	為影像建立預留位置邊框	K
⌀	滴管工具	取樣影像內的顏色	I
⚲	3D 材質滴管工具	吸取 3D 材質的屬性	I
⚲	顏色取樣器工具	顏色取樣器工具	I
▬	尺標工具	測量距離、座標、角度	I
▦	備註工具	建立備註並增加至影像中	I
₁₂³	計算工具	計算影像內的物件數量	I

● 繪圖、編修類工具

圖示	工具名稱	概要	快速鍵
	污點修復筆刷工具	去除不要的部分	J
	修復筆刷工具	利用取樣，無縫隙去除不要的部分	J
	修補工具	包圍不要的部分並去除	J
	內容感知移動工具	無縫隙移動選取範圍	J
	紅眼工具	調整因閃光燈產生的紅眼現象	J
	筆刷工具	描繪出如同用筆刷繪製的線條	B
	鉛筆工具	描繪出如同用鉛筆繪製般的清楚線條	B
	顏色代替工具	用新顏色取代選取的顏色	B
	混合器筆刷工具	調整顏色混合或融合程度再繪製	B
	仿製印章工具	利用取樣方式去除不要的部分	S
	圖樣印章工具	使用圖樣進行繪製	S
	步驟記錄筆刷工具	使用步驟、快照拷貝繪製	Y
	藝術步驟記錄筆刷工具	藝術步驟記錄筆刷工具	Y
	橡皮擦工具	橡皮擦工具	E
	背景橡皮擦工具	以拖曳方式清除像素	E
	魔術橡皮擦工具	按一下單一色範圍以清除像素	E
	漸層工具	以漸層顏色繪製	G
	油漆桶工具	以前景色或圖樣填滿點擊位置的相似色	G
	3D 材質拖移工具	以顏色或材質填滿 3D 材質	G
	模糊工具	模糊部分影像	無
	銳利化工具	讓部分影像變銳利	無
	指尖工具	摩擦部分影像	無
	加亮工具	讓部分影像變明亮	O
	加深工具	讓部分影像變陰暗	O
	海綿工具	調整部分影像的飽和度	O

實用的延伸知識！ ▶ **切換工具**

如同上表右側的記載，絕大多數的 Photoshop 工具都可以使用快速鍵。我們在實際操作時，經常需要切換工具，先記住常用工具的快速鍵，可以大幅提高工作效率，也比較方便。此外，相同群組內的工具❼只要按住 Alt（option）鍵不放，再按一下工具圖示，就可以依序切換，請一併記住這個小技巧。

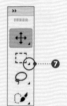

● 繪畫類工具

圖示	工具名稱	概要	快速鍵
⌀.	筆型工具	繪製直線、曲線的形狀或路徑	P
⌀.	創意筆工具	手繪線條	P
⌀.	曲線筆工具	可以直覺繪製曲線形狀或曲線路徑	P
⌀.	增加錨點工具	在路徑上新增錨點	無
⌀.	刪除錨點工具	刪除路徑上的錨點	無
⌐.	轉換錨點工具	切換錨點（平滑點或轉折點）	無
T.	水平文字工具	建立、編輯水平字串或文字區域	T
⌐T.	垂直文字工具	建立、編輯垂直字串或文字區域	T
⌐T.	水平文字遮色片工具	建立水平文字形狀的選取範圍	T
T.	垂直文字遮色片工具	建立垂直文字形狀的選取範圍	T
▶.	路徑選取工具	選取整個路徑	A
▶.	直接選取工具	選取路徑的錨點或線段	A
□.	矩形工具	繪製矩形的形狀、路徑、像素	U
○.	圓角矩形工具	繪製圓角矩形的形狀、路徑、像素	U
○.	橢圓工具	繪製橢圓形的形狀、路徑、像素	U
△.	三角形工具	繪製三角形的形狀、路徑、像素	U
○.	多邊形工具	繪製多邊形的形狀、路徑、像素	U
/.	直線工具	繪製直線的形狀、路徑、像素	U
☆.	自訂形狀工具	繪製各種形狀、路徑、像素	U

● 畫面顯示類工具

圖示	工具名稱	概要	快速鍵
✋.	手形工具	在視窗內移動影像	H
☝.	旋轉檢視工具	以非破壞性的方式旋轉畫布	R
○.	縮放顯示工具	調整顯示比例	Z

● 切換色彩設定、快速遮色片模式、螢幕顯示模式

工具名稱	概要	快速鍵
預設的前景色和背景色	前景色與背景色恢復成預設值。前景色變成黑色，背景色變成白色	D
切換前景色和背景色	切換前景色與背景色	X
切換以快速遮色片模式和標準模式編輯	切換快速遮色片模式與標準模式	Q
切換螢幕顯示模式	切換螢幕模式，包括「標準螢幕模式」、「具選單列的全螢幕模式」、「全螢幕模式」三種	F

1-3 面板／面板區的基本操作

使用 Photoshop 編輯影像時，除了工具列之外，還會用到各式各樣的面板。以下將簡單介紹面板的基本操作方法與面板的種類。

面板的種類

Photoshop 提供了約 **29 種面板**（實際數量會隨著使用的版本而有些許差異）❶。

這些面板和先前介紹過的工具列不同，並非所有面板都會隨時顯示在工作區中。假如工作區中沒有顯示你想使用的面板，請從「視窗」選單來選取面板名稱❷。

已經顯示在畫面中的面板會在左側顯示打勾標誌❸。

工具列及選項列

利用「視窗」選單可以切換顯示或隱藏工具列或選項列❹。

在一般的操作中，通常不會隱藏工具列，假如不小心關閉時，可以執行「視窗→工具」命令，重新顯示。

> 應用程式框架是 Mac 版 Photoshop 才有的功能❺。開啟這個功能，可以用浮動視窗顯示 Photoshop 的選單及面板。使用 Mac 的人，請實際開啟與關閉這個功能，確認兩者的顯示差異。

> 在「視窗」選單的最下面會顯示目前開啟中的檔案清單❻，而顯示在最前面或選取中的文件標籤檔案名稱會加上打勾標誌。

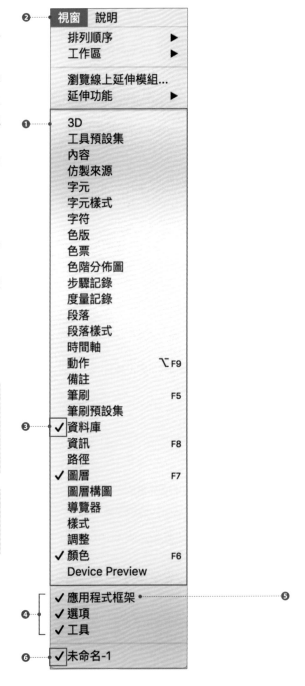

❷ 視窗　說明
排列順序 ▶
工作區 ▶
瀏覽線上延伸模組…
延伸功能 ▶

❶
3D
工具預設集
內容
仿製來源
字元
字元樣式
字符
色版
色票
色階分佈圖
步驟記錄
度量記錄
段落
段落樣式
時間軸
動作　　　　　　　⌥F9
備註
筆刷　　　　　　　F5
筆刷預設集
❸ ✓ 資料庫
資訊　　　　　　　F8
路徑
✓ 圖層　　　　　　　F7
圖層構圖
導覽器
樣式
調整
✓ 顏色　　　　　　　F6
Device Preview

✓ 應用程式框架 •········· ❺
❹ ✓ 選項
✓ 工具

❻ ✓ 未命名-1

🌀 顯示面板

所有面板都有「面板選單」，按下面板右上方的「面板選單」鈕，就會顯示在畫面中❼。

每種面板的選單內容都不一樣，這些面板選單包含了與各個面板有關的詳細設定及相關功能。

🌀 面板下方的按鈕

部分面板的最下方配置了各種按鈕❽，按鈕的種類會隨著面板而異，後面會再詳細說明每個面板的具體操作方法，這裡請先記住面板下方有各種按鈕即可。

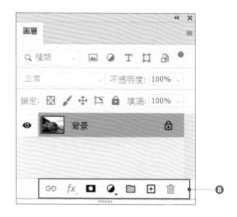

🌀 顯示圖示與切換面板的顯示狀態

面板的顯示方法包括將圖示收合在面板停駐區的「圖示顯示」與一般的「面板顯示」兩種。只要按下面板右上方的「 >> 」就可以切換❾。

顯示成圖示能節省操作空間，顯示成一般面板則方便於快速操作。兩者各有優缺點，請配合操作方式來使用。

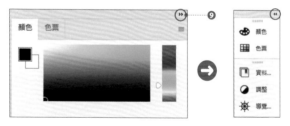

🌀 顯示面板

如果要將圖示顯示成面板，只要按一下圖示即可❿，再按一下圖示，就可以關閉。

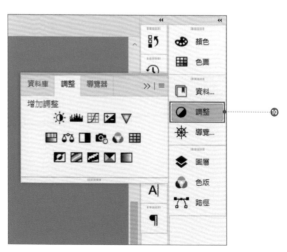

面板群組的切換方法

由多個面板組成的群組只要按一下面板標籤，就能切換重疊順序⓫。

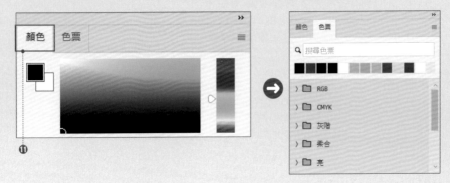

浮動視窗

若想從群組化的面板中，分離出部分面板時（浮動），可以利用拖放方式，將面板標籤拖曳到面板群組以外的地方再放開⓬。

停駐面板

假如想將浮動面板合併到其他面板（停駐）變成群組，可以將面板標籤拖曳至目標面板上重疊，在出現水藍色發亮的位置放開滑鼠左鍵⓭。

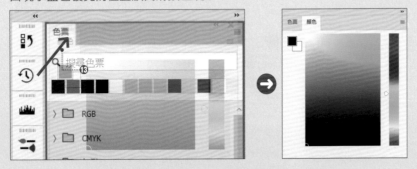

切換面板的顯示狀態

在面板標籤雙按滑鼠左鍵⓮，可以收合（只顯示標籤的狀態）或展開面板。想要暫時收合面板，節省空間時就很方便。

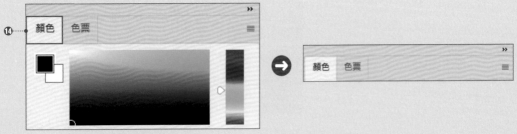

☑ 面板清單

在這裡要為各位簡單介紹 Photoshop 中使用頻率較高的一些主要面板。這個階段你還不用記住每個面板的名稱與功能，只要概略瀏覽，瞭解一下有哪些面板即可。

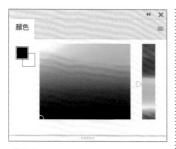

「顏色」面板
設定前景色與背景色，可以利用面板選單改變顯示格式。

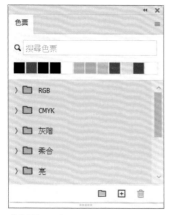

「色票」面板
儲存使用頻率較高的顏色，只要按一下，就可以設定成前景色或背景色。

「調整」面板
按一下按鈕，新增「調整」圖層，可以進行色調調整。設定值會同步顯示在「內容」面板中。

「色版」面板
管理用灰階顯示各種資料的色版。

「路徑」面板
描繪路徑或形狀時，可以在這裡管理路徑。

「樣式」面板
儲存使用頻率較高的圖層樣式，只要按一下，就可以套用在圖層上。

「筆刷設定」面板
可以詳細設定筆刷的特性（形狀、尺寸、間距等）。

「筆刷」面板
管理筆刷的種類。

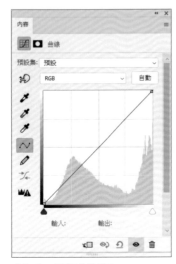

「內容」面板（曲線）
使用「調整」圖層進行色調調整的設定。

「內容」面板（遮色片）
針對已經建立的遮色片進行設定。

顯示在「內容」面板中的內容會隨著「圖層」面板選取的圖層或遮色片而改變。上圖顯示了「調整」圖層的遮色片設定，這裡也可以執行「文字」圖層或影像圖層（像素）的設定。在沒有選取任何圖層的狀態，可以確認文件的資料。

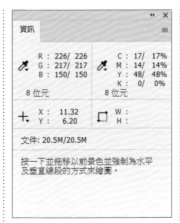

「資訊」面板
顯示游標所在位置的色彩數值，或配合使用中的工具顯示有用的資料。

「導覽器」面板
使用面板中的縮圖，可以快速更改工作區的顯示位置。

「字元」面板
設定輸入的文字字體、大小等與文字有關的詳細項目。

「圖層構圖」面板
管理記錄著圖層狀態的構圖，可以比較不同構圖的變化。

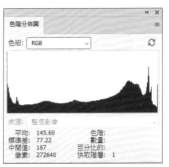

「色階分佈圖」面板（擴展視圖）
以圖表方式顯示影像明亮度的色階分佈狀態。

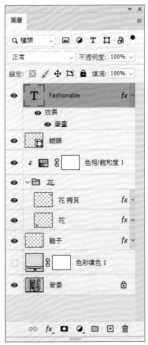

「圖層」面板
管理構成影像的圖層。

「段落」面板

設定與段落有關的詳細項目。

「步驟記錄」面板

顯示操作過程（記錄），按一下可以取消或重新操作。

「仿製來源」面板

可以記錄使用「仿製印章工具」或「修復筆刷工具」時的範本。

「字元樣式」面板

把經常使用的文字格式內容當作樣式來管理。

「備註」面板

管理以「備註」工具加在影像中的備註（建議）。

「工具預設集」面板

管理儲存工具設定的工具預設集。

「段落樣式」面板

把使用頻率較高的段落格式內容當作樣式來管理。

「資料庫」面板

可以儲存影像或色彩等元素，儲存之後能透過其他的 Creative Cloud 應用程式使用該元素。

數位影像的基本知識

Photoshop 的處理對象是數位影像，因此在學習 Photoshop 時，必須正確瞭解關於數位影像的知識。

何謂數位影像

Photoshop 可以直接操作的影像是「數位影像」。手繪插圖在匯入 Photoshop 時，就會將該影像數位化。

數位影像是指整體以數值顯示的影像。由於整體影像用數值顯示，能輕易且精確拷貝影像或進行編修。

數位影像大致可以分成點陣影像（Bitmap Image）與向量影像（Vector Image）兩種。

何謂點陣影像

點陣影像是指由無數格狀像素（pixel）構成的影像。一個像素代表一種顏色，放大影像之後，可以看到一個一個的像素（**圖1**）。

點陣影像可以有效呈現顏色深淺及色階微妙的漸層變化，所以用數位相機拍攝的照片、以掃描器掃描的插圖等各個領域都會用到點陣影像。基本上，Photoshop 處理的對象也是以點陣影像為主。

此外，點陣影像的畫質是由影像解析度（p.22）決定。

向量影像

向量影像是由點（錨點）與線（線段）構成的「路徑」所表現的影像（**圖2**）。

向量影像使用的不是像素的概念，而是每次顯示時，重新計算座標值來繪圖。因此放大、縮小影像不會降低影像的品質。影像放大之後，邊緣仍能維持平滑。缺點是向量影像無法表現出和照片一樣複雜的色階或微妙漸層。

向量影像主要用於顯示成各種尺寸的 LOGO 或圖形。

圖1 點陣影像是由無數個像素集合而成，因此放大其中一部分，可以看到一個一個像素，如上圖所示。

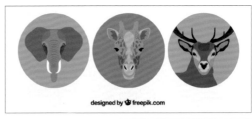

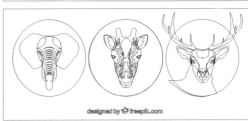

圖2 向量影像是以路徑顯示影像，每次改變顯示時，會重新計算線段與顏色再繪圖，因此即使改變形狀或放大，仍能維持平滑狀態。

影像的色彩模式

使用 Photoshop 處理影像時，請先確認色彩模式（Color Mode）。

色彩模式是定義數位影像色彩資料的方式。影像的色彩數量、色版數量、檔案大小等，都是由色彩模式決定。

編輯影像時，色彩模式是非常重要的部分，剛開始學習時可能還不太熟悉，但是養成「先確認色彩模式」的習慣是非常重要的。

色彩模式的種類與確認方法

色彩模式可以執行「影像→模式」命令，進行確認或更改 ❶。Photoshop 可以設定各種色彩模式，如下表所示。但是設定成 RGB 色彩以外的模式，將無法使用 Photoshop 的部分功能，所以一般都會設定成 RGB 色彩模式，完成操作之後，再按照需求更改成其他色彩模式。

色版與位元數

色版是用來顯示影像中，代表各種顏色構成元素的灰階影像。例如，RGB 色彩模式影像是由 R、G、B 等三種色版構成。

此外，位元數是指各像素可以使用的顏色資料量 ❷。每個像素的位元數愈多，可以使用的顏色數量也愈多，也愈能精準表現出實際的色彩。

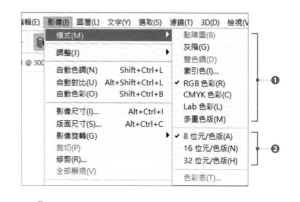

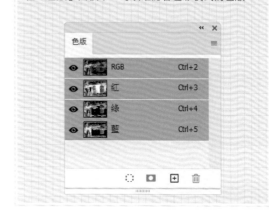

8 位元的影像可以取得 2 的 8 次方（256）數值，因此在 8 位元的 RGB 色彩影像中，RGB 各色將在 0 ～ 255 的範圍內分配數值。換句話說，RGB 色彩最大約可以呈現 1,670 萬色（256 色的 3 次方）。8 位元／色版的 RGB 影像又稱作 24 位元影像（8 位元 ×3 色版）。

在「色版」面板中，可以確認各色彩模式的色版。

● 色彩模式

色彩模式	說明
點陣圖	這是以黑／白兩種顏色管理色彩資訊的色彩模式。
灰階	這是以黑～白的明暗管理色彩資訊的色彩模式。8 位元影像可以用 0 ～ 255 的 256 階來表現。
雙色調	這是使用 1 ～ 4 色的自訂墨水，建立灰階、雙色調（2～4 色版）影像的色彩模式。進行單色或雙色列印時，會使用這種模式。
索引色	利用顏色查詢表格（CLUT：Color Look-Up Table）的色彩面板限制色彩，維持肉眼可以看到的畫質，縮小檔案尺寸。適合用於多媒體簡報或網頁等情況。
RGB 色彩	這是用 R（紅）、G（綠）、B（藍）等三種顏色管理影像色彩資訊的色彩模式。在 8 位元影像中，RGB 各顏色會以 0 ～ 255 的範圍來分配數值。主要使用於網頁或螢幕輸出情況。
CMYK 色彩	這是以 C（青）、M（洋紅）、Y（黃）、K（Key tone：黑）等四種顏色管理影像色彩資訊的色彩模式。CMYK 各色以 0 ～ 100% 的範圍來分配數值。模擬商用印刷的「三色版油墨」可以用在印刷品的輸出上。
Lab 色彩	這是利用肉眼辨識顏色的結構來呈現顏色的色彩模式。用 0 ～ 100 的範圍設定明亮元素（L），以 -128 ～ +127 的範圍設定 a 元素（從綠色到紅色軸）與 b 元素（從藍色到黃色軸）。
多重色版	這是依照每個色版使用 256 階灰色的色彩模式，方便用於特殊印刷。

1-5 影像的解析度與文件尺寸

若要對點陣影像進行適當處理，必須先瞭解影像解析度的相關內容。因此，以下要解說影像解析度與文字尺寸（輸出尺寸）。

像素數與解析度

像素數是指構成影像的像素數量。像素數也可以稱作影像大小，像素數愈多，影像愈大。

但是像素數與影像精細度沒有直接關係，即使像素數多（影像大），也不代表影像擁有高精細度。

解析度是指影像的密度。具體來說，這是用來表示在一英吋（25.4 公釐）之中，含有多少個像素值（請特別注意，這裡不是指一平方英吋）。單位是 ppi（pixel per inch）。數值愈大，影像的密度愈高。

確認解析度

使用 Photoshop 開啟的影像，只要長按畫面左下方的狀態列，就可以確認該影像的解析度 ❶。例如，當影像解析度為「72 像素 / 英吋」時，代表「一英吋內有 72 個像素」。

72ppi 與一般螢幕解析度相同，而商用印刷需要 300 ~ 400ppi 解析度，所以印刷這種影像時，影像看起來比較粗糙 圖2 。

文件尺寸

文件尺寸是指使用印表機輸出時的尺寸。

到目前為止出現了三種名詞，關聯性如下所示。

▶ **文件尺寸（英吋）＝像素數 ÷ 解析度**
▶ **像素數＝解析度 × 文件尺寸（英吋）**
▶ **解析度＝像素數 ÷ 文件尺寸（英吋）**

　※1inch ＝ 25.4mm

請先確實瞭解每個名詞的含意，再設定適當的影像解析度及文件尺寸。

圖1 狀態列除了可以顯示解析度之外，還能確認影像的寬度、高度、色版（**p.86**）等。

圖2 即使是同一張影像，不同解析度將明顯影響影像的品質。左圖為 72ppi，右圖是 350ppi。

● 解析度

輸出目的	需要的解析度
商用印刷	350ppi
簡易印刷	150ppi
螢幕輸出	72ppi

調整解析度與文件尺寸

Photoshop 可以隨意調整解析度及文件尺寸。

執行以下步驟能調整解析度。

01 執行「影像→影像尺寸」命令❶，開啟「影像尺寸」對話視窗。

02 取消勾選「重新取樣」❷，更改「解析度」❸。提高解析度時，影像的密度會變高，而文件尺寸（「寬度」與「高度」）會縮小❹。

更改文件尺寸時，先勾選「重新取樣」，再調整「寬度」與「高度」。此外，在開啟「影像尺寸」對話視窗的狀態，按住 Alt（option）時，「取消」按鈕會暫時切換成「重設」。

實用的延伸知識！ ▶ **瞭解重新取樣**

如上所述，使用 Photoshop 時，可以隨意調整影像的解析度及文件尺寸（輸出尺寸）。即便如此，仍無法超過拍攝時的影像精細度，因為 Photoshop 沒辦法自行增加原本就不存在的資料。

利用「影像尺寸」對話視窗中的「尺寸」增加數值，或放大文件尺寸時，增加的像素（原本不存在的像素）會設定成何種數值（顏色）呢？相對來說，縮小影像時，也必須調整各像素的值，這個部分就稱作「像素內插補點」。

Photoshop 提供了各種內插補點方式，如右表所示。勾選「影像尺寸」對話視窗中的「重新取樣」，就可以進行設定。原本放大影像後，畫質就會降低，所以很難任意放大影像，不過現在也提供了以高精細度放大影像的方法。

● **主要的內插補點方法**

內插補點方式	說明
自動	從影像狀態與調整後的尺寸中，自動設定最適合的補間方式，如果沒有特殊理由，請選擇這種方式。
保留細節	這是保留細節再進行內插補點的方式。 ・放大：減少雜訊並放大影像 ・2.0：利用人工智慧放大影像
環迴增值法	這是根據各像素及周圍像素的顏色與濃度，進行內插補點的方式。雖然速度慢但精細度高。
最接近像素（硬邊）	這是直接拷貝像素，進行內插補點的方法。速度快但精細度低。
縱橫增值法	這是使用周圍像素顏色的平均值，進行內插補點的方法。可以獲得標準畫質。

Lesson 1-6　檔案格式

Photoshop 可以處理各種格式的影像，在進行影像編輯時，一定要先掌握每種格式的特色。

💿 檔案格式 (儲存格式)

使用 Photoshop 編修影像時，必須先瞭解該影像的格式 (儲存格式)，這點非常重要。Photoshop 可以處理各種格式的影像，但是每種格式可以使用的功能或執行的處理內容不同。因此，一定要瞭解各種格式的特色，再根據目的或用途來做選擇。

💿 基本上以 PSD 格式為主

Photoshop 的 基 本 格 式 是「**PSD 格 式**」(Photoshop Data) ❶。PSD 格式可以正確儲存 Photoshop 的所有功能。

另外，數位相機拍攝的照片或一般提供的照片，大部分都是以「JPEG 格式」儲存。

每種格式沒有優劣之分，各有優缺點。編輯影像時，基本上是以 PSD 格式為主，請根據影像的用途與目的，參考下表選擇合適的格式。

● **Photoshop 可以使用的主要格式**

種類	說明
Photoshop (.psd)	這是可以儲存 Photoshop 完整功能的 Photoshop 專用格式。一般操作時，基本上都是選擇這種格式。一個檔案最大的檔案大小為 2GB。副檔名 psd 是「PhotoShop Data」的縮寫。
JPEG (.jpg)	這是照片等連續色階影像顯示在網頁上時常用的格式。不保持透明，副檔名 jpg 是「Joint Photographic Experts Group」的縮寫。
TIFF (.tif)	這是應用程式或 OS 之間，用來交換檔案的格式。副檔名 tif 是「Tagged-Image File Format」的縮寫。
Photoshop EPS (.eps)	這是可以同時包含向量影像與點陣影像的格式。使用於 DTP 領域，可以維持剪裁路徑 (p.99)。副檔名 eps 是「Encapsulated PostScript」的縮寫。
Photoshop PDF (.pdf)	這是當作電腦文件而廣泛使用的格式。可以跨平台與應用程式，能運用於各種環境。此外，儲存時，勾選「保留 Photoshop 編輯功能」，可以在 Photoshop 中重新編輯。副檔名 pdf 是「Portable Document Format」的縮寫。
GIF (.gif)	這是一般在網頁顯示插圖或圖示等單色階影像時使用的格式，會保持透明狀態。副檔名 gif 是「Graphic Interchange Format」的縮寫。
PNG (.png)	這是一般用來顯示在網頁上的格式。PNG-8 和 GIF 相同，都適合單色階影像。PNG-24 和 JPEG 一樣，適合連續色階影像，會保持透明狀態。副檔名 png 是「Portable Network Graphics」的縮寫。

Lesson · 2

The first step of Photoshop.

Photoshop 入門

一開始就必須瞭解的基本操作

這一章要講解在整個編修過程中，必須執行的 Photoshop 基本操作，當作實際開始影像編修前的準備階段。這裡介紹的操作步驟及功能，日後也會經常用到，請務必用心學習。

Lesson 2-1 開啟檔案

利用 Photoshop 編輯影像時，通常都已經有原始的影像檔案。因此，以下將說明使用 Photoshop 開啟檔案以及並排顯示檔案的方法。

🔵 開啟檔案

Photoshop 可 以 處 理 PSD、JPEG、PNG 等 各種格式的影像檔案（**p.24**）。如果要使用 Photoshop 開啟檔案，必須執行以下步驟。

01 執行「檔案→開啟舊檔」命令❶，顯示「開啟」對話視窗。

02 按一下要開啟的檔案名稱❷，再按一下「開啟」鈕❸。

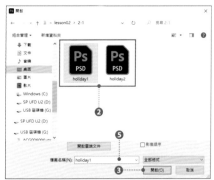

03 在文件視窗中，就會顯示剛才指定的檔案❹。

在「開啟」對話視窗的「格式」下拉選單中，設定特殊格式❺，可以只顯示該特定格式的檔案。

實用的延伸知識！ ▶ 以拖放檔案的方式開啟影像

你也可以將影像檔案拖曳到 Photoshop 文件視窗上再放開，就能開啟該檔案。

假如已經開啟其他檔案，把檔案拖曳到該檔案時，會當成智慧型物件（**p.128**）置入已經開啟的檔案內。

同時開啟多個檔案時，請將檔案拖曳至文件標籤區域中的「無標籤位置」❶。

切換影像

Photoshop 在預設狀態下，是以「標籤」方式管理影像檔案。開啟多個影像時，可以按一下畫面上方的標籤來切換影像❶。

並排顯示影像

如果要同時顯示多個影像，執行「視窗→排列順序→並排顯示」命令❶，就能水平並排開啟中的多個影像，如右圖❷。

在並排顯示多個影像的狀態，執行「視窗→排列順序→全部符合」命令❸，可以對齊各影像的顯示比例與位置，請實際操作看看。

實用的延伸知識！　▶ 以個別視窗開啟檔案

上面說明過，使用 Photoshop 一次開啟多個檔案時，會以「標籤」形式來開啟檔案。

假如想讓各影像檔案開啟為獨立視窗，執行「編輯（Mac 版是 Photoshop）→偏好設定→工作區」命令，取消勾選「選項」區域中的「以標籤方式開啟新文件」❶，就可以顯示成獨立視窗。

2-2 儲存檔案

編輯影像時，建議隨時儲存檔案。只要經常儲存，萬一發生問題，也可以將損失降至最低。

🔵 儲存檔案

前面說明過，Photoshop 可以編輯各種格式的影像檔案（**p.24**）。執行編修時，必須選擇正確的格式，確實設定各個格式的儲存選項，這點非常重要。執行以下步驟就可以儲存檔案。

01 執行「檔案→另存新檔」命令❶。

第二次之後是執行「檔案→儲存檔案」命令。過去曾經用 Photoshop 儲存過的檔案，將會使用和當時一樣的條件來儲存檔案。

02 開啟「另存新檔」對話視窗。
設定檔案名稱、儲存位置、存檔類型（Mac 版是格式）、各種儲存選項❷，按下「存檔」鈕❸。一般存檔類型會選擇「Photoshop（*.PSD）」。

```
快 速 鍵
儲存檔案
Win: Ctrl + S    Mac: ⌘ + S
```

● Photoshop 的儲存選項

項目	說明
做為拷貝	勾選之後，會儲存檔案副本。此外，包含了「圖層」（**p.112**）等 Photoshop 獨特功能的檔案，若以 JPEG 或 PNG 等無法儲存 Photoshop 功能的格式存檔時，將會自動勾選這個項目。
Alpha 色版	勾選之後，可以儲存「Alpha 色版」（**p.90**）等特殊色版。取消勾選就會被捨棄，因此使用 PSD 格式存檔時，一定要勾選這個項目。
圖層	勾選之後，「圖層」（**p.112**）功能也會一併存檔。取消勾選會自動轉換成沒有圖層的狀態，因此用 PSD 格式存檔時，一定要勾選。
ICC 描述檔	勾選之後，可以在檔案中嵌入「描述檔」（**p.234**），一般請先勾選起來。

※ 關於「備註」、「特別色」、「使用校樣設定」等部分，本書省略不提。因為開始學習 Photoshop 時，不需要特別注意這些設定。這些設定項目的詳細介紹請參考 Photoshop 的線上說明。

以 PDF 格式儲存檔案

Photoshop 可以將編輯過的影像儲存成 PDF 格式。

PDF 格式是在傳送電子文件時常用的格式。在 Windows 或 Mac 等環境下，都可以閱讀這種格式。

想讓多數人檢視完成的影像，或傳送影像檔案的對象沒有可開啟 PSD 檔案格式的軟體時，使用這種格式就很方便。

執行以下步驟，就可以將檔案儲存成 PDF 格式。

01 執行「檔案→另存新檔」命令，開啟「另存新檔」對話視窗，選擇「存檔類型：Photoshop PDF」❶，按下「存檔」鈕❷。

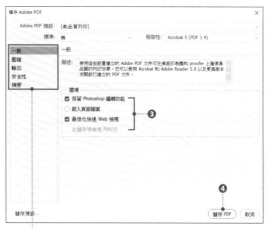

02 開啟「儲存 Adobe PDF」對話視窗，設定各種選項❸，按下「儲存 PDF」鈕❹，即可儲存成 PDF 格式。

> 在左側選擇類別後，就會切換右側的詳細設定內容。Photoshop 可以進行非常詳細的設定，其中最重要的是「一般」類別中的「Adobe PDF 預設」，以及選項區域中的「保留 Photoshop 編輯功能」等兩個設定。

● **「儲存 Adobe PDF」對話視窗的主要儲存選項**

項目	說明
Adobe PDF 預設	這是事先準備好的設定項目組合。一開始會設定成這個項目，基本上建議選擇「高品質列印」。
「一般」類別 保留 Photoshop 編輯功能	勾選這個項目之後，可以在 PDF 檔案中保留圖層、Alpha 色版等 Photoshop 的功能，但是檔案容量也會變大。
「一般」類別 嵌入頁面縮圖	勾選這個項目之後，可以在 PDF 檔案中嵌入影像的縮圖。
「一般」類別 最佳化快速 Web 檢視	勾選這個項目之後，可以將 PDF 檔案最佳化，能在網頁瀏覽器中快速顯示。
「壓縮」類別 選項	設定 PDF 檔案的壓縮方法。選擇「不要縮減取樣」，就不會壓縮影像，可以維持原本的畫質，儲存成 PDF 檔。一般會選擇這個項目。
「安全性」類別 要求密碼來開啟文件	勾選這個項目，並設定密碼，就可以在 PDF 檔案中，設定密碼認證。

2-3 工作區的操作方式

Photoshop 畫面上顯示的面板種類、配置場所、顯示方法等全都可以自行調整，而且還能將狀態儲存起來。

🔵 將工作區恢復成預設狀態

使用學校或公司的電腦，與其他人共用 Photoshop 時，建議在開始操作之前，先將工作區恢復成預設狀態。執行以下步驟，就能讓工作區恢復成預設值。

01 執行「視窗→工作區→重設工作中」命令❶。

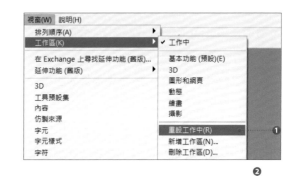

02 工作區恢復成 Photoshop 的預設狀態 ❷。

本書的內容全都是在「預設狀態」下進行解說。因此，當你閱讀後面的操作步驟時，請先將工作區恢復成預設狀態。

🔵 儲存工作區

假如你找到對自己而言的最佳工作區配置，在方便操作的位置，放置面板之後，執行以下步驟，就可以將工作區儲存起來。

01 執行「視窗→工作區→新增工作區」命令❶，開啟「新增工作區」對話視窗。

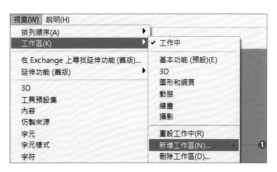

02 輸入「名稱」，按下「儲存檔案」鈕❷，就完成儲存工作區的步驟。

勾選這些項目，可以同時儲存「鍵盤快速鍵」、「選單」或「工具列」。

切換工作區

執行以下步驟，可以使用事先儲存的工作區。

01 執行「視窗→工作區」命令，選擇已經儲存的工作區名稱❶。

02 這樣就能將工作區切換成事先儲存的狀態❷。按照相同的操作步驟，也可以切換成 Photoshop 預先提供的工作區種類❸。

● **Photoshop 提供的工作區種類**

種類	說明
基本功能（預設）	Photoshop 預設的工作區。本書就是使用這個工作區來說明。
3D	適合 3D 操作的工作區。
圖形和網頁	適合圖形和網頁操作的工作區。
動態	適合影片操作的工作區。
繪畫	適合繪圖操作的工作區。
攝影	適合調整色調的工作區。
開始	這是容易存取檔案或 Adobe 服務的工作區，只有在開啟應用程式框架（**p.14**），卻沒有開啟檔案時才能使用。

刪除工作區

執行以下步驟可以刪除已經儲存的工作區。

01 執行「視窗→工作區→刪除工作區」命令❶。

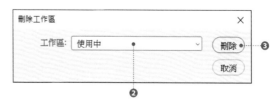

02 開啟「刪除工作區」對話視窗，選取要刪除的工作區❷，再按下「刪除」鈕❸。

2-4 更改影像的顯示區域

Photoshop 可以輕易更改影像的顯示比例或顯示範圍。在編輯所有影像時，這些都是會經常用到的操作，請先徹底學會。

🔵 縮放影像

使用「縮放顯示工具」 ，可以縮放影像的顯示區域。

01 選取工具列中的「縮放顯示工具」 ❶，在影像上按一下❷，就會以該部分為中心來放大影像❸。此時，請確認游標變成了 。

02 如果要放大（縮小）影像的顯示範圍，可以在選取「縮放顯示工具」 的狀態，按住 Alt（ option ）鍵不放，在影像上按一下。
這樣就會以該部分為中心來縮小影像。此時，請確認游標變成了 。

選取「縮放顯示工具」 ，選項列顯示為時❹，按住 Alt（ option ）鍵不放會切換成放大顯示模式，請特別注意這一點。

實用的延伸知識！ ▶ **利用拖曳方式改變顯示區域**

選取「縮放顯示工具」時，在影像上拖曳，可以放大顯示拖曳後的範圍❶。
但是如果勾選了選項列中的「拖曳縮放」，往右拖曳為放大，往左拖曳為縮小。選項設定會影響操作內容，請特別注意這一點。

🌀 移動顯示區域

放大顯示影像時，可以使用「手形工具」 ✋，
調整畫面上的顯示範圍。

01 選取工具列中的「手形工具」 ✋ ❶，
在影像上拖曳❷。

02 這樣就能往拖曳方向移動影像❸。

> 🖊 不論使用中的工具種類是哪一種，按住 space
> 鍵不放，就會暫時切換成「手形工具」。按住
> space 鍵不放的方法比利用工具列切換更方
> 便，請務必先記住這項技巧。
> 同樣地，按住 space + Ctrl（ Command ）鍵
> 不放，可以切換成「縮放顯示工具」（放大），
> 按住 space + Alt （ option ）鍵不放，會切換
> 成「縮放顯示工具」（縮小）。

🌀 使用「導覽器」面板

利用「導覽器」面板，也可以更改畫面上的
顯示區域。執行以下步驟，即可使用「導覽
器」面板。

01 執行「視窗→導覽器」命令❶，開啟
面板。
面板中的紅框（顯示方框）內側就是
現在畫面上顯示的範圍❷。

02 在面板上拖曳可以更改顯示區域。此
外，左右移動面板下方的滑桿❸，也
能進行縮放。

> 🖊 在工具列上的「縮放顯示工具」圖示雙按滑鼠
> 左鍵，即可顯示為 100%；在「手形工具」的圖
> 示雙按滑鼠左鍵，可以顯示整個影像。

文字方塊內顯示了目前的顯示比例，這裡可以直接輸
入數值，設定顯示比例。

Lesson 2-5 修正影像的傾斜狀態

在開始編修之前，必須先修正影像的傾斜狀態，這點很重要。只要以水平或垂直物件為基準，進行調整即可。

🌏 使用「尺標工具」修正傾斜的方法

使用數位相機拍攝的照片或用掃描器掃描的影像可能出現傾斜問題，除非是刻意設計，否則一般都要先修正傾斜狀態。

執行以下步驟即可修正影像的傾斜問題。

01 選取工具列中的「尺標工具」 ❶，在影像內想要變成水平或垂直的位置拖曳❷。

02 選項列的「A」會顯示測量的角度❸，按下「拉直圖層」鈕❹。

03 這樣就會修正影像的傾斜角度❺。請適度裁切修正傾斜之後產生的留白（p.36）。

修正角度後，背景圖層會轉換成一般圖層（p.113）❻，而修正傾斜角度產生的留白會變透明。如果要使用自動填滿留白的功能，請參考下一頁要介紹的「裁切工具」。

透明部分

🌀 使用「裁切工具」修正傾斜的方法

使用「裁切工具」 ⤩.也可以修正影像的傾斜狀態。如果要修正傾斜狀態，請執行以下步驟。

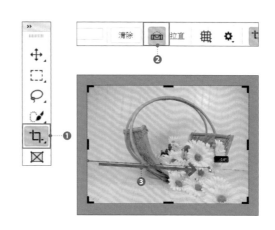

01　選取工具列中的「裁切工具」⤩.**❶**，按下選項列的「拉直」鈕**❷**，在影像內想變成水平或垂直的地方拖曳**❸**。

02　這樣畫面顯示會自動呈現「裁切預視」狀態。
　　顯示成「裁切預視」狀態後，裁切範圍的外面會顯示 8 個控制點**❹**，同時「圖層」面板的顯示也會暫時改變**❺**。

因修正傾斜產生的留白會顯示成背景色（**p.152**）。這個範例是顯示成白色。

03　如果要填滿因修正傾斜產生的留白，可以按下選項列的「內容感知區域位於原始影像範圍外」**❻**，在裁切範圍內雙按滑鼠左鍵，或按下選項列的「 ✓ 」鈕**❼**，如果要取消裁切是按下「 ⊘ 」鈕**❽**。

04　這樣就會根據周圍像素自動填滿留白，並修正影像的傾斜狀態**❾**。

部分影像使用自動填滿時，有些地方會顯得不自然。此時，請使用「裁切工具」適當裁切影像。操作顯示在裁切範圍外圍的 8 個控制點，可以縮放、旋轉裁切範圍（**p.36**）。

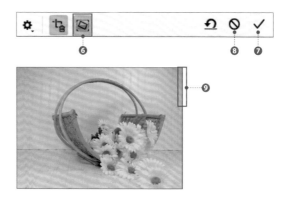

2-6 裁切多餘的部分

如果只要使用影像的其中一部分而不是整張影像，或者要修正影像的傾斜狀態，就需要裁切（刪除）多餘的部分。

裁切方法

執行以下步驟，可以裁切影像不要的部分。

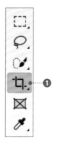

01 選取工具列中的「裁切工具」✄ ❶，以拖曳方式包圍裁切範圍 ❷，要裁切的部分就會變暗。

02 拖曳裁切範圍可以更改影像的位置。此外，拖曳周圍顯示的 8 個控制點能調整裁切範圍 ❸。

> 按住 shift 鍵不放，拖曳邊角控制點，可以固定裁切範圍的長寬比。此外，按住 Alt（option）鍵不放，拖曳側邊控制點，可以調整左右的裁切範圍。

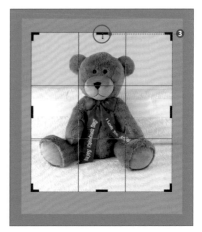

03 決定裁切範圍之後，在裁切範圍內雙按滑鼠左鍵，或是按下選項列的「✓」鈕 ❹。如果要取消裁切操作，可以按下「⊘」鈕 ❺。

> 選取「裁切工具」時，取消選項列中的「決定是否保留或刪除裁切方塊外的像素資料」 ❻，裁切影像之後，仍會保留裁切掉的範圍，能重新進行操作。但是 PNG、JPEG、GIF 等格式無法儲存 Photoshop 的功能，所以沒辦法複寫檔案，儲存檔案時，會變成「另存新檔」，請特別注意這一點。
>
>

● 「裁切工具」的選項列（設定裁切範圍前）

● 「裁切工具」的選項列（設定裁切範圍後）

● 「裁切工具」選項列的設定項目

功能	概要
❶ 選取預設集外觀比例或裁切尺寸	設定裁切方法。如果不設定尺寸，可以維持預設值（比例）；若要設定尺寸裁切影像，請選擇「寬 × 高 × 解析度」。
❷ 設定裁切影像的寬度／設定裁切影像的高度	設定裁切的「寬度」與「高度」。輸入數值後，按一下 ⇄，可以切換寬度與高度的數值。在輸入數值的狀態下，只能以設定的尺寸裁切影像，假如不需要設定尺寸，請按下❹「清除」，清除數值。
❸ 設定影像的解析度	設定裁切影像的解析度（p.22），一般是輸入裁切影像的解析度。
❹ 清除	刪除❷與❸輸入的數值。
❺ 拉直	若要修正影像的傾斜狀態，請按一下開啟這項功能，測量角度。
❻ 設定裁切工具的覆蓋選項	設定覆蓋選項。一般選擇「永遠顯示覆蓋」，覆蓋是指裁切影像時，顯示構圖的參考線。
❼ 設定其他裁切選項	設定其他裁切影像的選項。
❽ 決定是否保留或刪除裁切方塊外的像素資料	沒有按下這個選項時，即使裁切影像，也會保留影像的裁切區域。
❾ 內容感知填色區域位於原始影像範圍外	因修正傾斜而產生的留白，以填滿方式與周圍像素融合。
❿ 重設裁切方塊、影像旋轉和外觀比例設定	將設定的裁切範圍及旋轉恢復成預設值。
⓫ 取消目前的裁切操作	取消裁切，可以用 esc 鍵代替。
⓬ 確認目前的裁切操作	確定裁切，可以用 Enter 鍵代替。

實用的延伸知識！　▶ 設定尺寸裁切影像

在選項列的「設定裁切影像的寬度」、「設定裁切影像的高度」以及「設定裁切影像的解析度」輸入數值❶再拖曳❷，能以指定的尺寸裁切影像。

2-7 還原、重做操作步驟

在 Photoshop 執行的步驟可以還原或重做。這項功能在實際操作過程中,將會經常用到,請務必學會。

還原與重做的方法

使用 Photoshop 編輯影像時,通常會執行各種操作,一邊嘗試,一邊進行編修。因此瞭解如何還原或重做操作步驟,是非常重要的事情。

Photoshop 會自動記錄使用者執行過的「操作過程(步驟)」,我們可以在「步驟記錄」面板進行管理❶。

左圖執行了上述三種操作(開啟、色階、色相/飽和度)。

還原前項操作

在「步驟記錄」面板中,將由上往下依序記錄各個操作步驟。換句話說,「步驟記錄」面板最下方的記錄是最新的操作步驟❷。

如果要還原前項操作步驟,可以在「步驟記錄」面板中,選取第二個記錄❸,這樣影像就能還原成上一個步驟的狀態❹。

按照相同步驟,選取更上面的記錄,可以還原到過去任何一個步驟。

在「步驟記錄」面板中,還原了一個步驟,所以左圖恢復成套用色相/飽和度之前的狀態。

重做還原步驟

假如要重做還原步驟,可以在「步驟記錄」面板中,再次選取目標記錄❺。

若要還原或重做上一個操作步驟,也可以執行「編輯→還原狀態更改或重做狀態更改」命令,或執行「編輯→向前或退後」命令,這種方法也很方便❻。

再次於「步驟記錄」面板中,重新選取操作步驟,所以左圖又變成套用三個操作步驟的狀態。

◐ 儲存步驟記錄

在「步驟記錄」面板中，還原操作後，再執
行其他操作時，就會記錄此步驟，而還原的
記錄就會被刪除。一般保留的步驟記錄只限
於在開啟檔案的狀態。

如果不想刪除步驟記錄，可以按下「步驟記
錄」面板下方的其中一個按鈕。

▶「從目前狀態中建立新增文件」鈕❶
▶「建立新增快照」鈕❷

這兩種方法都可以儲存任意階段的影像。

● 儲存影像狀態的方法

儲存方法	說明
按下「從目前狀態中建立新增文件」鈕	按下這個按鈕，會拷貝在目前狀態的影像，並且建立新檔案（換句話說，這是以另存新檔的方式，把到目前操作的影像儲存起來）。因此，在新檔案中，可以重新記錄操作步驟，而原始檔案會把該檔案執行過的步驟保留下來。
按下「建立新增快照」鈕	按下這個按鈕，會把當時的步驟記錄當作「快照」儲存在「步驟記錄」面板的上方❸。只要按下快照，隨時都可以還原成當時的影像。但是必須特別注意關閉影像之後，快照就會被刪除。假如想先把各種狀態儲存成其他檔案，選擇上面的「從目前狀態建立新增文件」比較方便。

實用的延伸知識！ ▶ 調整步驟記錄的數目

在預設狀態下，可以保留的步驟記錄
數量為「前 50 次」，這個數目並不少，
但是執行精細的影像編修時，可能還
是不夠。

步驟記錄的數量最大可以增加至 1000
次。如果要調整步驟記錄的數量，執
行「編輯（Mac 版是 Photoshop）→
偏好設定→效能」命令，在「偏好設
定」對話視窗中，將「步驟記錄狀態」
的數值設定為最大值❶。

步驟記錄的數值可以隨意增加，但是數量過多會消耗大量記憶
體，必須特別留意。

2-8 使用參考線與格點

如果要精準測量尺寸,或讓多張影像、物件整齊排列,就需要使用參考線或格點。

🌀 建立參考線

執行以下步驟可以建立參考線。

01 執行「檢視→尺標」命令❶,畫面的上方與左側就會顯示尺標。

02 如果要建立水平參考線,請從上方的尺標開始往下拖曳;若要建立垂直參考線,請從左邊的尺標開始往右拖曳,到適當的位置後放開❷,這樣就會在該處建立參考線❸。按住 shift 鍵不放並拖曳,可以靠齊至尺標的刻度。

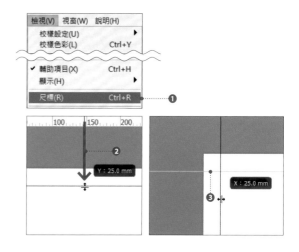

🌀 清除參考線

假如要清除部分參考線,可以選取工具列中的「移動工具」 ✢❶,在參考線上移動滑鼠,當游標形狀變成❷的狀態,直接將參考線拖曳至尺標的上方❸。

假如要清除全部的參考線,執行「檢視→清除參考線」命令,或者執行「檢視→顯示→參考線」命令,就可以切換顯示或隱藏參考線。

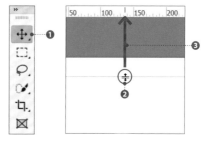

實用的延伸知識! ▶ **利用數值設定參考線**

我們也可以利用數值來設定參考線。執行「檢視→新增參考線」命令,開啟「新增考線」對話視窗,選擇「方向」,在「位置」輸入數值❶,按下「確定」鈕,就可以在設定的位置建立參考線。

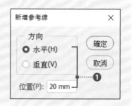

🔵 顯示格點

執行以下步驟可以顯示格點。

01 執行「檢視→顯示→格點」命令❶。

02 這樣畫面就會顯示格點❷。

03 如果希望物件靠齊格點，請執行「檢視→靠齊」命令，勾選該項目❸，接著執行「檢視→靠齊至→格點」命令❹。

也可以設定成靠齊至參考線或圖層。

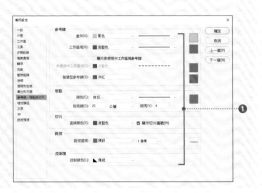

實用的延伸知識！ ▷ **參考線或格點的顏色、格點的間距**

在預設狀態下，參考線顯示為藍色，格點顯示成灰色，格點的間距是 25 公釐。如果想調整顏色或間距，請執行「編輯（Mac 版是 Photoshop）→偏好設定→參考線、格點與切片」命令，開啟「偏好設定」對話視窗❶。

Lesson 2-9　像素的色彩資訊

所有的數位影像都是由無數個像素集合而成，想要精通 Photoshop，就得先掌握查詢各像素資訊的方法。

🔵 查詢像素的色彩資訊

數位影像是由**無數個像素集合**展現出美麗的色階，但是每個像素只能表現一種顏色。「資訊」面板可以確認各像素設定的色彩資訊。執行「視窗→資訊」命令，開啟「資訊」面板，將游標移動到影像上，就能確認游標所在位置的像素資料，內容如下❶。

- ▶ 顏色資料（RGB 值／CMYK 值）
- ▶ 座標值（像素的位置）
- ▶ 高度與寬度（設定了範圍時）
- ▶ 檔案大小
- ▶ 選取中的工具功用

現階段你可能還無法瞭解這些資料的用途，但是請先把在「資訊」面板查詢像素相關資料的方法學起來。

在「資訊」面板的面板選單中，執行「面板選項」命令，可以選擇顯示在面板中的資料。

🔵 取樣顏色

我們可以取出特定像素的色彩資訊，執行步驟如下所示。

01　選取工具列中的「滴管工具」🖊❶，在影像上的任意處按一下❷。

02　選取像素的色彩資訊會設定成工具列最下方的「前景色」❸。
按一下「前景色」，就能確認該顏色的詳細內容❹（開啟「檢色器（前景色）對話視窗）。

2-10 調整版面尺寸

版面尺寸是指可編輯的影像區域。版面尺寸能放大、縮小，想要幫影像加上外框時也很方便。

調整版面尺寸

版面尺寸是「影像的可編輯區域」。版面尺寸
能放大、縮小。放大版面尺寸時，現有的影
像周圍將新增留白；然而縮小版面尺寸時，
會裁切掉部分影像。

執行以下步驟可以調整版面尺寸。

01 執行「影像→版面尺寸」命令，開啟
「版面尺寸」對話視窗。

02 設定「寬度」與「高度」❶，按下「確
定」鈕❷，就會依照設定的大小來調
整版面尺寸。

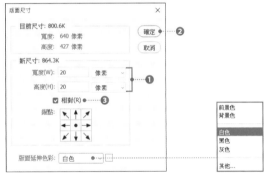

03 右邊的範例勾選了「相對」❸，「寬
度」與「高度」設定為 20 像素，所
以上下左右分別增加了 10 像素❹。

● 「版面尺寸」對話視窗的設定項目

項目	說明
寬度、高度	設定版面尺寸的寬度與高度，可以利用下拉式選單來設定單位。
相對	勾選之後，可以針對目前的影像尺寸，設定要增加或刪除的大小。
錨點	可以設定依照目前版面的何處為基準來放大、縮小。預設值在畫面中央。
版面延伸色彩	放大版面尺寸時，可以設定放大後的版面顏色。設定為「其他」，可以選擇任何一種顏色，但是不含「背景」圖層（**p.113**）的影像無法選擇這個項目。

Lesson 2-11 建立新檔案

合成影像時，會建立新的影像檔案，再針對該檔案拷貝＆貼上各種影像，請配合製作物，以適當的設定完成編修步驟。

🔵 建立新檔案

執行以下步驟可以建立新檔案。

01 執行「檔案→開新檔案」命令❶，開啟「新增文件」對話視窗。

02 在「新增文件」對話視窗中，設定各個項目，按下「建立」鈕❷，建立新檔案。右邊的參考範例取消了「工作畫板」項目，設定「背景內容：白色」，建立有一個背景圖層（p.113）的白色背景檔案❸。

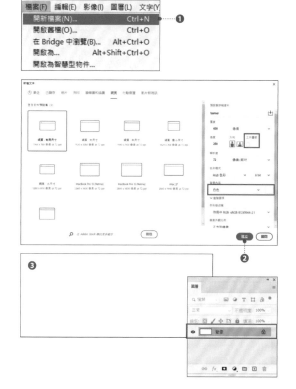

勾選「工作畫板」之後，在工作區會顯示一個一般圖層（p.113）❹。

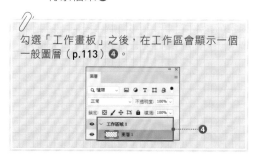

● 「新增文件」對話視窗的設定項目

項目	說明
檔案名稱	建立新檔案的名稱。
寬度、高度、方向	設定新檔案的寬度與高度，單位可以設定成「像素」、「英吋」、「公分」、「公釐」，還能設定文件的方向。
工作畫板	勾選之後，會在工作區域（獨立的背景）產生圖層。一個 PSD 檔案可以建立多個工作區域，製作多個 banner 或頁面時就很方便。
解析度	設定新檔案的解析度（p.22）。如果以商用印刷為前提，通常會設定為 350 像素 / 英吋，若以製作網頁為前提，一般會設定為 72 像素 / 英吋。
色彩模式	在 Photoshop 中，若將色彩模式設定為 CMYK，會無法使用部分功能，基本上，操作時，建議先選擇「RGB 色彩」、「8 位元」，之後再配合需要調整色彩模式。
背景內容	這是指背景的顏色。選擇「透明」時，在「圖層」面板中，會建立「圖層 1」圖層。選取「透明」以外的項目，將會建立「背景」圖層（p.113）。
色彩描述檔	這是設定要使用的描述檔（p.234）。一般維持預設值（作用中 RGB）即可。
像素外觀比例	這是設定構成影像的像素長寬比。編輯影像時，選擇「正方形象素」，其他設定是用在影片編輯等情況。

Lesson · 3

Basic knowledge of Color Compensation.

色調調整的基本知識

立刻就能派上用場的常用技巧

這一章要說明使用調整圖層調整色調的方法。乍聽到「色調調整」這個名詞，或許有人會覺得「這是什麼？好像很難！」但是請放心，使用調整圖層，就能輕鬆進行各種色調調整，請務必一邊閱讀，一邊實際動手操作。

何謂色調調整

色調調整是使用 Photoshop 編輯影像時，最基本的重要工作之一。請掌握基本技巧，並且進行各種嘗試。

何謂色調調整

色調調整是指，「調整」影像的「色調」。色調（Color Tone）代表著影像的明度、飽和度、對比等。

實際操作時，請配合使用目的來調整影像色調。例如，有一張略微陰暗的風景照片，而使用這張影像的目的是「表現出明亮、美麗的景色」，因此進行色調調整，編修成較為明亮清爽的照片（圖1）。

原本應該是白色的被攝體，受到拍照時的光線影響而變成偏黃色時，就要降低黃色調（圖2）。

圖1 這個範例利用了「曲線」功能，讓整體影像變明亮，呈現出清爽風格。

色調調整的內容會隨著目的而改變

該如何調整影像？這點會隨著影像的使用目的而改變，因此沒有「非這麼做不可」的「標準答案」。你一定要記住，正確的色調調整內容是隨著影像目的而異。

此外，色調調整的操作項目非常多元，通常會組合多種項目，想要全部精通，絕非一蹴可及，不用強迫自己非得一次記住所有的內容，只要從基本的項目開始，腳踏實地的練習即可。

圖2 這張影像利用了「色彩平衡」功能抑制了偏黃的色調。

🌀 色調調整功能的種類

Photoshop 提供了約 20 種的色調調整功能。以下要介紹使用頻率較高的幾項功能，後續也將依序說明具體的操作步驟。

明亮度 / 對比：這是使用滑桿，就能輕易調整亮度與對比的功能。→ p.58

色階：這是使用陰影、中間調、亮部等三個滑桿來調整明暗的功能。→ p.54

曲線：這是最多可新增 14 個錨點來調整影像明暗的功能。→ p.56

自然飽和度：這是讓剪裁最小化，調整色彩飽和度的功能。→ p.61

色相 / 飽和度：這是調整整個影像或按照色彩系統調整色相、飽和度、亮度的功能。→ p.60

色彩平衡：這是更改影像內整體顏色混合比例的功能。可以依照陰影、中間調、亮部的三種色階來調整。→ p.64

黑白：這是將彩色影像變成灰階影像的功能，可以依照各個色彩系統來精密調整濃度。此外，還可以編修使用了任何顏色的黑白影像。→ p.68

相片濾鏡：這是模擬在相機鏡頭前放置濾鏡再拍攝照片，藉此調整色彩的功能。→ p.66

負片效果：這是反轉影像顏色的功能。與其他功能不同的是，這裡沒有提供設定功能，只是單純反轉色調。→ p.70

色調分離：這是利用調整色階的方式，把影像變成插畫風格的功能。色階數量愈少，影像會變得愈單純。→ p.71

臨界值：這是將彩色影像變成黑白兩色的功能。調整臨界值，即可改變效果。➡ p.70

漸層對應：這是將影像的灰階範圍換成漸層色彩的功能。➡ p.72

選取顏色：這是調整各色彩元素印刷色分量的功能。

陰影 / 亮部：這是調整陰影或亮部區域的功能。

實用的延伸知識！ ▶ **其他色調調整功能**

Photoshop 除了上述功能之外，還提供以下色調調整功能。

- ▶ 曝光度
- ▶ 色版混合器
- ▶ 顏色查詢
- ▶ HDR 色調
- ▶ 去除飽和度
- ▶ 符合顏色
- ▶ 取代顏色
- ▶ 均勻分配

可是這些功能很少使用，而且內容也比較困難，所以本書省略不提。假如日後在學習 Photoshop 的過程中需要使用時，請另外參考 Photoshop 的說明教材。有時輕而易舉就能套用出好玩的效果，非常有趣。

去除飽和度

取代顏色

均勻分配

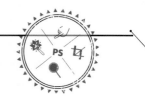

常用的兩種色調調整方法

接觸過 Photoshop 的人可能已經曉得，在上一頁介紹過的 Photoshop 色調調整功能中，最常使用的是以下兩種方法。

▶ **調整圖層**

▶ **執行「調整」命令（執行「影像→調整」命令下的內容）**

請見下圖，你會發現名稱幾乎一模一樣的功能，看到這兩張圖，絕大多數的人可能認為「為什麼要用兩種方法呼叫出相同功能？」但是這兩種方法之間，還是有關鍵性的差別，請一定要特別注意。

調整圖層的調整功能

「調整」命令

各功能可以執行的色調調整內容相同，但是編輯影像的方法卻不一樣，詳細內容請見下一頁的說明。使用調整圖層進行色調調整時，不會改變原始影像的像素，調整後的內容隨時都可以恢復原狀。可是執行「調整」命令是直接編輯原始影像，一旦套用之後，就無法和調整圖層一樣輕易復原了。

這種差別對於經常需要調整影像的初學者而言非常重要。看到上圖你就能明白，部分色調調整功能只有執行「調整」命令才提供，因此有時只能使用這個命令。但是除此之外，基本上建議使用調整圖層來調整比較適合。本書所有色調調整工作都是利用調整圖層執行。

Lesson 3-2　調整圖層的基本知識

想用 Photoshop 調整影像色調時，基本上都會使用「調整圖層」。初學者運用這項功能，也可以輕鬆進行色調調整。

何謂調整圖層

調整圖層是指針對影像執行各種色調調整的圖層總稱。如右圖所示，按下「圖層」面板下方的按鈕，即可新增調整圖層 **①**。

Photoshop 提供了 16 種調整圖層的方式，每種調整圖層可以執行的功能都不一樣。儘管功能不同，卻有兩個共通點。

▶ **可以隨時恢復原始的影像狀態**
▶ **可以針對一張影像套用多個調整圖層**

組合 16 種調整圖層，可以利用 Photoshop 進行色調調整。調整圖層的設定值能個別調整或更改套用順序。

由於這種調整不會影響原始影像，刪除調整圖層後，就可以恢復原狀。

> Photoshop 共提供 16 種調整圖層（實際的數量會隨著 Photoshop 的版本而異）。

實用的延伸知識！ ▶ **何謂「圖層」**

本單元首度出現了「圖層」這個名詞，在 Photoshop 中，這個名詞非常重要，以下先簡單介紹一下什麼是圖層。

圖層是指可以在影像上重疊「透明薄膜」的功能（請參考右圖）。Photoshop 能將影像或物件置於圖層上進行管理。假如要將多張影像放在一個背景上處理時，會在圖層置入各張影像來管理。

後續會再詳細說明與圖層有關的內容（**p.112**）。本單元介紹的「調整圖層」顧名思義也是一種圖層。你可以當作這是在原始影像上重疊特殊薄膜，編輯位於下方的影像。

3-3 調整圖層的基本操作方法

每種調整圖層都擁有不同的功能，但是基本的操作方法都一樣。以下要解說新增、調整設定、刪除調整圖層的方法。

● 新增調整圖層

執行以下步驟可以新增調整圖層。

01 開啟要進行色調調整的影像檔案❶，這裡使用了右圖影像當作參考範例。

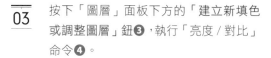

02 執行「視窗→圖層」命令，開啟「圖層」面板。從右圖可以瞭解剛才開啟的影像位於「背景」圖層中❷。

03 按下「圖層」面板下方的「建立新填色或調整圖層」鈕❸，執行「亮度 / 對比」命令❹。

04 在「圖層」面板中，新增了「亮度 / 對比」調整圖層❺。原始影像與調整圖層分屬於不同圖層，可以直覺瞭解內容。「圖層」面板會按照圖層的重疊順序來顯示，所以右圖的圖層結構是上方為調整圖層，下方為含有原始影像的「背景」圖層。

◑ 更改調整圖層的設定

執行以下步驟可以更改調整圖層的設定值。

01 在調整圖層左側的圖示上雙按滑鼠左鍵❶，開啟「內容」面板❷，可以確認這次範例選擇了「亮度 / 對比」❸。

02 左右移動顯示在「內容」面板中的滑桿，影像的亮度及對比會隨著移動的分量而改變❹。請實際移動看看，確認影像的變化。

顯示在「內容」中的滑桿及設定項目的內容會隨著調整圖層的種類而異，基本的操作方法與上述說明相同。步驟是（1）新增調整圖層，（2）在「內容」面板調整設定值。

◑ 刪除調整圖層

前面說明過，使用調整圖層進行的色調調整可以隨時恢復原狀。執行以下步驟，就能恢復成原始影像。

01 按一下選取「圖層」面板上的調整圖層❶。

02 接著按下「圖層」面板下方的「刪除圖層」鈕❷，即可讓影像恢復原始狀態❸。

> 📎 按下調整圖層左側的「眼睛」圖示，把圖層隱藏起來❹，可以暫時關閉調整圖層的效果。再按一下相同的地方，即可重新開啟。

> 📎 調整圖層右側的白色四角形是設定色調調整範圍時，使用的「圖層遮色片」功能❺。後面會再進一步說明圖層遮色片。

🎨 套用多個調整圖層

執行以下步驟可以套用多個調整圖層。

01 在「圖層」面板上按一下選取任何一個圖層（也可以選擇調整圖層）❶。

02 和新增調整圖層一樣，按一下「圖層」面板下方的「建立新填色或調整圖層」鈕，新增調整圖層，會建立新的調整圖層❷。這樣就會在選取的圖層上方新增調整圖層❸。

03 新增多個調整圖層，可以在影像套用所有色調調整效果❹。
建立了多個調整圖層後，在「圖層」面板利用拖曳＆放開調整圖層的方式，就能調整套用順序。

【左圖】只套用了曲線調整圖層。
【右圖】套用了曲線＋色相／飽和度調整圖層。

實用的延伸知識！ ▶ **調整圖層的套用範圍**

在預設狀態下，調整圖層的效果會套用在調整圖層下方的所有圖層上。

如果想將調整圖層的套用範圍限制為緊接在調整圖層下方的影像，可以在「圖層」面板選取調整圖層❶，執行面板選單的「建立剪裁遮色片」命令❷。開啟這個功能之後，「圖層」面板的調整圖層左邊就會顯示箭頭符號，如右圖所示❸。

本章說明的色調調整步驟只能套用在一個影像上，所以使用上述功能無法發揮效果，不過從第 4 章開始將會解說處理多張影像的方法，屆時請練習操作看看。

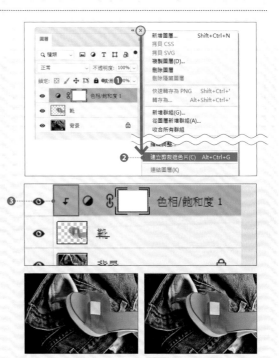

Lesson 3-4 調整明暗 「色階」

「色階」調整圖層是使用「色階分佈圖」的圖表來進行色調調整，主要用來調整影像的明暗。

色階分佈圖

色階分佈圖是表示「亮度等級」分佈的圖表。
圖表下方有三個按鈕，分別代表以下項目。

左側：陰影（影像最暗處，色階 0）
中央：中間調
右側：亮部（影像最亮處，色階 255）

水平軸是以 0 ～ 255 的 256 色階來表示「亮
度等級」，而垂直軸是表示「色階分佈」。檢
視右圖的色階分佈圖，可以看到偏左的像素
（暗部像素）比較多。

色階分佈圖的形狀與影像的特色

色階分佈圖的形狀大致可以分成以下 5 種，
檢視色階分佈圖，可以掌握影像的特性。

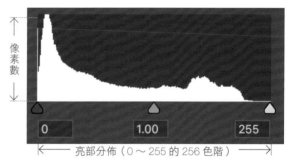

平均：像素平均分佈，沒有形成單一山形。

陰暗：像素在陰暗端形成山形。

明亮：像素在明亮端形成山形。

銳利（對比強烈）：像素偏向陰影與亮部兩端，中間調的分佈較少。

柔和（對比薄弱）：像素偏向中間調，陰影與亮部兩端的分佈較少。

◐ 利用「色階」調整明暗

執行以下步驟可以利用「色階」調整圖層
來調整影像的明暗。

01 開啟影像，新增「色階」調整圖層
❶。

✐ 關於新增調整圖層的方法請參考 p.48。

02 在「內容」面板執行各種設定。檢
視參考範例的色階分佈圖，可以瞭
解像素在陰影端形成山形，沒有分
佈在明亮端❷。由此可以判斷，這
是「整體陰暗的影像」。

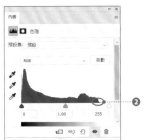

03 這裡要將較為陰暗的影像調整成比
較明亮的影像。
往左移動陰影滑桿，調整最亮點。
例如把最亮點移動到「225」（山形
邊緣），讓位於 225 ～ 255 的像素
統一變成 225，調整明亮端的像素
分佈❸。結果原本陰暗的影像變得
比較明亮，如右圖所示❹。

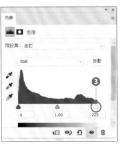

04 若要調整影像的整體亮度，請移動
中間調滑桿。往左移動會變明亮，
往右移動會變陰暗❺。

Lesson 3-5　調整明暗 「曲線」

「曲線」調整圖層是利用操作曲線圖表的方式，更改影像的色調、深淺、色階的功能。主要用來調整影像的明暗。

何謂曲線

曲線是可以同時且即時確認影像的色調、深淺、色階的功能。使用曲線，能對影像進行詳細編修，如右圖所示。

曲線是功能非常強大的工具，用法並不困難，能針對各種影像進行調整，可以説是 Photoshop 最重要的功能之一。請務必按照步驟，實際執行看看，藉此掌握曲線的操作方法。

曲線的基本操作

「曲線」調整圖層的基本操作是在面板中央的曲線上，新增「控制點」再拖曳，讓曲線變形。影像的深淺會隨著曲線的形狀而產生變化。

在預設狀態下，準備了最暗點（影像最陰暗的部分，色階為 0）❶ 與最亮點（影像最明亮的部分，色階為 255）❷。但是第 3 個以上的控制點必須另外新增。

按一下曲線，會在該處新增「控制點」。往上下左右拖曳控制點，能改變曲線的形狀，讓影像產生變化❸。

> 最多可以增加到 14 個控制點，無法無限增加。一般利用 2 ～ 3 個控制點就能完成調整。

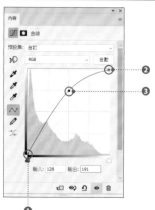

「輸入」代表調整前的數值，「輸出」為調整後的數值。這個範例的亮部色階是從「128」改成「191」。結果因為接近影像最亮點（色階 255），所以影像變「明亮」。

🌀 利用「曲線」調整明暗

執行以下步驟可以利用「曲線」調整圖層來調整影像的明暗。

---

01 開啟影像，新增「曲線」調整圖層❶。

✏️ 關於新增調整圖層的方法請參考 p.50。

---

02 在「內容」面板調整曲線❷。曲線底下會顯示色階分佈圖，可以一邊檢視色階分佈圖，一邊操作曲線。

在右邊的參考範例中，色階分佈圖的像素偏向陰影端，代表影像略微陰暗❸。請參考下圖，確認曲線與調整內容的關聯性。

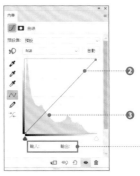

> 沒有選取控制點時，面板下方的數值方塊不會顯示任何數字。

 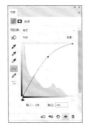

在中間調新增控制點，往上方拖曳，可以讓整體影像變明亮。

 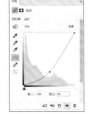

在中間調新增控制點，往下拖曳，可以讓整體影像變陰暗。

增加兩個控制點，讓曲線變形成「S型」，可以調整成對比強烈的影像。

增加兩個控制點，讓曲線變形成「倒S型」，可以調整成對比柔和的影像。

3-6 調整明暗 「亮度 / 對比」

「亮度 / 對比」調整圖層輕而易舉就能調整影像的亮度與對比，操作方法非常直覺。

🌑 亮度 / 對比

「亮度 / 對比」調整圖層提供了兩個可以左右移動的滑桿，這是能調整影像明暗的功能。「亮度 / 對比」調整圖層和前面說明過的「色階」、「曲線」調整圖層不一樣，無法對影像進行詳細控制，但是操作比較直覺、簡單，使用起來非常方便。

🌑 利用「亮度 / 對比」調整圖層調整明暗

執行以下步驟可以利用「亮度 / 對比」調整圖層調整影像的明暗。

01 開啟影像，新增「亮度 / 對比」調整圖層❶。

> 關於新增調整圖層的方法請參考 p.50。

02 操作「內容」面板中的兩個滑桿❷。
將「亮度」滑桿往右移動，影像會變明亮；往左移動，影像會變陰暗（-150 ～ 150）。往右移動「對比」滑桿，影像會變銳利；往左移動，影像就會變柔和（-50 ～ 100）。

> 勾選「使用舊版」❸，會變成舊版本的調整方法。取消勾選，才能提高調整的精準度。
> 此外，按下「自動」鈕❹，會自動調整亮度與對比。但是這個功能未必能得到良好的結果。

調整部分影像的明暗

前面說明過的色調調整方法都是將效果套用在整個影像上，可是實際上我們除了會對整個影像進行編修之外，也可能會遇到只要調整其中一部分的情況。Photoshop 提供了許多調整部分影像的方法，以下要介紹的是最簡單的技巧。

☑「加亮工具」

選取工具列中的「加亮工具」 ，在影像上拖曳，可以單獨讓拖曳部分變亮。

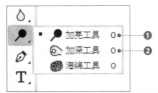

☑「加深工具」

選取工具列中的「加深工具」 ，在影像上拖曳，可以單獨讓拖曳部分變暗。

原始影像

加亮

使用「加亮工具」在部分咖啡豆上拖曳，與原始影像相比，可以看出拖曳後的部分變亮了。

加深

使用「加深工具」拖曳杯子的部分，與原始影像相比，可以看出拖曳後的部分變暗了。

☑ 調整筆刷尺寸

「加亮工具」 與「加深工具」 的套用範圍可以利用各工具的筆刷尺寸來進行設定。

在工具列中選取需要的工具之後，開啟選項列中的「筆刷預設揀選器」 ，設定筆刷的「尺寸」與「硬度」 。「硬度」是指「筆刷的模糊程度」，設定為 100%，會變成輪廓清楚的筆刷；設定為 0%，將成為套用程度往外逐漸減少的模糊筆刷。

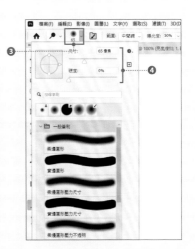

3-7 調整色相 / 飽和度 「色相 / 飽和度」

使用「色相 / 飽和度」調整圖層，可以輕易調整影像的色相、飽和度、明度等三種屬性。雖然功能很簡單，卻能進行較為精準的影像編修工作。

何謂色相 / 飽和度

「色相 / 飽和度」調整圖層是左右移動滑桿來調整構成影像的三種顏色屬性（色相、飽和度、明度）。

□ 色相

色相是指紅色或藍色等「色調的性質」。在「色相 / 飽和度」調整圖層的「內容」面板中，滑桿的兩端是紅色、中央是藍色。左右移動滑桿，就能調整影像的色相（-180 ～ 180）❶。

□ 飽和度

飽和度是指「顏色的鮮豔程度」。飽和度最高的顏色稱作「純色」（純淨的顏色）。另外，飽和度最低的顏色稱作「無彩色」。在「色相 / 飽和度」調整圖層的「內容」面板中，滑桿的左邊是無彩色，右邊是純色，左右移動滑桿，就能調整影像的飽和度（-100 ～ 100）❷。

往左右移動「色相」滑桿，可以改變影像的色相。

□ 明度

明度是指「顏色的明亮程度」。明度愈高，愈接近白色；明度愈低，愈接近黑色。在「色相 / 飽和度」調整圖層的「內容」面板中，滑桿的左邊是最低明度，右邊是最高明度，往左右移動滑桿，就能調整影像的明亮度（-100 ～ 100）❸。

往左右移動「飽和度」滑桿，可以改變影像的飽和度。

由於「色相 / 飽和度」調整圖層是非常簡單、方便的功能，但是無法和前面說明過的「色階」或「曲線」調整圖層一樣進行詳細設定。假如想要執行更精確的色調調整，請考慮是否改用「色階」或「曲線」調整圖層。

往左右移動「明亮」滑桿，可以改變影像的明亮度。

利用「色相 / 飽和度」調整圖層調整飽和度與明度

執行以下步驟，可以使用「色相 / 飽和度」調整圖層調整影像的飽和度。

01 開啟影像，新增「色相 / 飽和度」調整圖層❶。

關於新增調整圖層的方法請參考 p.50。

02 在「內容」面板調整影像的飽和度。往右移動「飽和度」滑桿，設定「飽和度：+30」，就能提高影像的飽和度❷。

03 如果要調整影像的明度，只要按照上述步驟，左右移動「明亮」滑桿即可。設定「明亮：+30」❸，可以提高整體影像的明度，變成偏白的影像。

實用的延伸知識！ ▶ **自然飽和度**

使用「自然飽和度」調整圖層調整飽和度，可以盡量避免損失色階。含有人物的影像，或不希望飽和度過於強烈的影像，請使用「自然飽和度」來調整。

❶「自然飽和度：+100」

❷「飽和度：+100」。結果和「色相 / 飽和度」調整圖層一樣。

使用「色相／飽和度」調整圖層調整色相

如果要調整影像的色相，使用上一頁說明的方法，左右移動「色相」滑桿即可。

01 設定成「色相：+180」❶，構成影像的各種顏色就會在色相環上產生 180° 的變化❷。換句話說，所有顏色都會變成各自的補色（色相環上的相反色）。請一併檢視下圖的色相環，確認實際的變化。

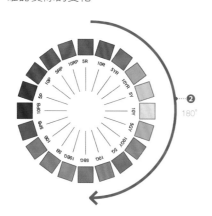

移動「色相」滑桿，可以利用顯示在「內容」面板下方的紅色光譜列，確認色相的變化程度❸。上面的光譜列代表調整前，下面的光譜列代表調整後的狀態。如果想確認原始影像的紅色部分會變成何種顏色，可以確認上面光譜列的紅色部分（光譜列的中心）正下方，顯示了什麼顏色。從右圖可以得知，變成了紅色的補色「藍色」❹。

實用的延伸知識！ ▶ **設定調整對象**

在預設狀態下，設定為「主檔案」。主檔案是將所有像素都當作調整對象。利用下拉式選單設定特殊色系，就能針對該顏色來調整。

假設想調整右圖的背景色，只要在「內容」面板選擇「藍色」❶，再移動「色相」滑桿❷。

此時，只有影像內的藍色變成調整對象，所以花朵顏色不變，只改變背景色，如右下圖所示❸。步驟很簡單，卻是效果非常不錯的操作方法。

調整部分影像的飽和度

使用工具列提供的「海綿工具」 ●，就能調整部分影像的飽和度。

01 使用工具列中的「海綿工具」 ●**❶**，能單獨調整部分影像的飽和度。

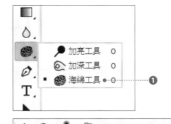

02 在選項列可以設定以下項目。

- ▶ 筆刷尺寸**❷**
- ▶ 去色或加色模式**❸**
- ▶ 流量**❹**
- ▶ 自然飽和度**❺**

03 在影像上拖曳**❻**，拖曳之後，該部分的飽和度就會產生變化。這個範例是提高花朵的飽和度。

此外，使用「海綿工具」 ●進行調整時，會直接更改影像，這點和調整圖層不同，無法像調整圖層一樣，輕易恢復原狀，請特別注意這一點。

● 選取「海綿工具」時的選項列

項目	說明
「筆刷預設」揀選器	設定「海綿工具」的尺寸（套用尺寸），「尺寸」是指筆刷的大小，「硬度」是指模糊程度。
模式	可以選擇「去色」或「加色」。
流量	這是指套用效果的強度。設定為「流量：100%」時，只要拖曳一次，就會產生明顯變化。
最小化剪裁以獲得完全飽和度或去除飽和度的色彩	按了這個圖示，可以防範影像的飽和度變得不自然，一般會先按下這個圖示。

3-8 去除色偏 「色彩平衡」

「色彩平衡」調整圖層是使用補色來進行色調調整。假如影像有色偏的情況，請將滑桿移動到想去除顏色的補色端。

何謂色彩平衡

就字面上來說，色彩平衡是指「顏色」的「平衡」。「色彩平衡」調整圖層是使用色彩學上的補色（在色相環中，位於相反位置的顏色），調整影像色彩平衡的功能。

使用這個功能，可以讓偏黃或偏藍的影像恢復到適當狀態。此外，利用調整色彩平衡的特性，也能刻意將照片編修成老舊風格。

「色彩平衡」調整圖層的特色

「色彩平衡」調整圖層是依照各色階來調整色彩平衡。因此，一開始要先利用「內容」面板最上方的「色調」下拉式選單，設定陰影、中間調或亮部其中一項❶。

左邊影像偏藍。在這張影像套用「色彩平衡」調整圖層，可以減少偏藍程度，如右圖所示。

實用的延伸知識！ ▶ 「保留明度」功能

在「色彩平衡」調整圖層的「內容」面板下方，勾選「保留明度」，就可以在維持影像明度（亮度）的狀態來調整影像。請特別注意！取消「保留明度」之後，調整色調時，影像的明度會降低或提高。所以如果沒有特殊理由，建議先勾選這個項目。

原始影像

勾選「保留明度」

取消勾選「保留明度」

◐ 利用「色彩平衡」調整圖層去除色偏現象

執行以下步驟，可以利用「色彩平衡」調整圖層去除影像的色偏現象。

01 開啟影像，新增「色彩平衡」調整圖層❶。

🖉 關於新增調整圖層的方法請參考 **p.50**。

02 利用「內容」面板調整影像的色彩平衡。一開始先利用「色調」下拉式選單設定目標色調❷，把滑桿移動到去除色的補色端❸。

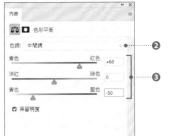

03 這次的範例要去除「藍色」，所以使用「青色／紅色」滑桿及「黃色／藍色」滑桿，移動到藍色（青色或藍色）的補色端，也就是往紅色或洋紅色端移動滑桿。這樣就可以改善影像偏藍的現象，調整成適當的色彩平衡❹。

> 實用的延伸知識！　▶「色彩平衡」調整圖層的應用技巧

運用「色彩平衡」調整圖層的「調整色彩平衡」功能，可以把顏色正常的影像，刻意編修成復古風格。

例如想將陽光強烈的照片，編修成略微復古、溫暖的風格時，可以把「青色／紅色」滑桿移動到紅色端（正值），「洋紅／綠色」滑移動到洋紅或黃色端（負值），就能編修成褪色的風格，如右圖所示。右圖將「青色／紅色」設定為「+20」，「洋紅／綠色」設定為「-25」，「黃色／藍色」設定為「-100」。

3-9 去除色偏 「相片濾鏡」

「相片濾鏡」調整圖層是模擬加裝在相機鏡頭前的「濾鏡」，調整影像色彩平衡的功能。

何謂相片濾鏡

相片濾鏡是指加裝在相機鏡頭前的濾鏡。加上濾鏡之後，就可以調整相片的色調（圖1）。Photoshop 提供的「相片濾鏡」調整圖層是模擬這種設備的效果，調整影像色彩平衡的功能。使用「相片濾鏡」調整圖層，可以去除影像中的任何顏色。

各種濾鏡

在「相片濾鏡」調整圖層中，事先儲存了多種濾鏡 ❶。在「濾鏡」下拉式選單選擇去除色的補色，就能去除特定的顏色。

另外，在「顏色」彩色方塊設定顏色，能自訂濾鏡色彩，呈現出特殊的效果。

圖1 鏡頭濾鏡的範例。把右圖的濾鏡安裝在鏡頭前，可以調整相片的色調。

●「相片濾鏡」調整圖層的設定項目

項目	說明
濾鏡	選取要使用的濾鏡。暖色濾鏡有 85（增加暖色）、LBA、81（增加暖色，偏黃色）等三種，冷色濾鏡有 80（增加藍色）、LBB、82（增加冷色，接近藍色）等三種。
顏色	可以使用「濾鏡」下拉式選單中沒有提供的顏色。
濃度	濾鏡的套用程度。
保留明度	勾選之後，可以維持影像的明度（亮度），通常會先勾選這個項目。

LBA 與 LBB 都是模擬色溫轉換濾鏡的濾鏡功能。在晴天的背光處拍照，照片通常會偏藍色，假如要將這種照片轉換成正常的色調，可以使用 LBA 濾鏡。另外，黎明或黃昏時拍攝的照片大部分會偏紅，LBB 濾鏡就能將這種照片調整成正常的色調。LBB 濾鏡可以調整在燈泡下拍攝的照片。

利用「相片濾鏡」去除色偏現象

執行以下步驟可以利用「相片濾鏡」調整圖
層去除影像的色偏現象。

01 開啟影像，新增「相片濾鏡」調整圖
層❶。

關於新增調整圖層的方法請參考 **p.50**。

02 在「內容」面板設定濾鏡的種類與濃
度。這裡的重點在於「選擇去除色的
補色」。
這次參考範例的影像偏藍，所以選擇
補色為黃色的濾鏡❷，設定「濃度：
20%」❸，就可以調整成適當的色調，
如右圖所示❹。

實用的延伸知識！ ▶ 「相片濾鏡」調整圖層的應用技巧

按一下「顏色」的彩色方塊設定顏色，就可以隨意更改照片的色調。右圖是在色調正常的照片套用
橘色濾鏡❶，變成夕陽風格的照片。

3-10 變成單色調影像 「黑白」

「黑白」調整圖層是將彩色影像變成單色調（單一顏色）的功能。這個功能可以依照色彩系統來設定轉換方法，因而能詳細調整影像的狀態。

何謂單色調

單色調是指「單一顏色」。Photoshop 提供了許多將彩色影像變成黑白的方法。

想用 Photoshop 把影像變成單色調（灰階），最簡單的作法就是執行「影像→模式→灰階」命令❶。利用這個功能，可以維持目前照片的狀態（色彩濃度），單純變成灰階。但是這種方法會捨棄影像的色彩資訊，轉換之後，無法恢復成彩色照片，也無法個別調整色彩深淺。

利用「黑白」調整圖層將影像變單色調

「黑白」調整圖層可以按照原始影像的色彩系統調整深淺，所以能配合影像的特色來調整色調❷。

在「色調」設定顏色，能把灰階以外的顏色變成單色調。右下影像是使用「黑白」調整圖層，將「色調」設定成米黃色❸，把彩色影像變成米黃色的單色調影像❹。

使用「黑白」調整圖層的「色調」功能，可以製作出任何色彩的單色調影像。轉換之後，調整色彩系統的滑桿就能分別更改濃度。

🌀 利用「黑白」調整圖層將影像變成單色調

執行以下步驟，可以使用「黑白」調整圖層把影像變成單色調。

01 開啟影像，新增「黑白」調整圖層❶。

🖊 關於新增調整圖層的方法請參考 **p.50**。

02 在「內容」面板依照色彩系統設定濃度。以預設狀態將影像轉換成單色調，可能會讓影像不夠鮮明、顯得模糊。因此，請配合影像特色來調整各個滑桿❷。

03 右圖參考範例為了發揮原始影像的特色，加強了洋紅色，並且減弱了紅色與藍色❸。

🖊 由於調整圖層的名稱是「黑白」，常給人只能轉換成黑白色的印象，但是因為有了「色調」功能，而能調整成各種單色調（單一顏色）。

實用的延伸知識！ ▶ **將影像變成單色調的方法**

Photoshop 還有其他方法可以將影像變成單色調。例如，在「色相／飽和度」調整圖層（**p.60**）勾選「上色」❶，影像就會變成單色調。利用「色相」滑桿能調整色彩系統。
另外，在「色版混合器」調整圖層勾選「單色」，影像會變成單色調（灰階）。

3-11 「負片效果」與「臨界值」

「負片效果」調整圖層的功能是反轉構成影像的各個像素色彩,而「臨界值」調整圖層的功能是把影像的色彩變成黑、白兩色。

負片效果

「負片效果」調整圖層是可以反轉構成影像各個像素色彩的色調調整功能。對一般的照片執行這個功能,就能完成負片效果(**圖1**)。這個功能很少和右圖一樣,套用在整個影像上,通常是用來建立影像邊緣的遮色片。建立邊緣遮色片,可以加強部分影像的銳利度,或套用其他調整。還能運用創意,當作特殊的平面設計效果。

另外,「負片效果」調整圖層的功能如上面的說明,只純粹反轉像素的色彩,所以在「內容」面板中,沒有提供設定選項❶。

臨界值

「臨界值」調整圖層是把構成影像的各個像素色彩轉換成白色或黑色的色調調整功能(**圖2**)。

各個像素會轉換成白色或黑色是由每個像素的「亮度」而定。

利用「內容」面板中的「臨界值」,可以設定亮度色或黑色❶。在這裡設定 0 ～ 255 當作亮度層級,低於臨界值的部分,全都轉換成黑色,高於臨界值的部分則轉換成白色。

> 「黑白」調整圖層是將像素轉換成白色、黑色、灰色。而「臨界值」調整圖層只會轉換成白色與黑色兩種顏色。

圖1 在整個影像套用「負片效果」調整圖層後,會產生負片般的效果,如上圖所示。

圖2 套用「臨界值」調整圖層後,影像內的所有像素會轉換成白色或黑色。

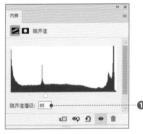

3-12 變成插畫風格 「色調分離」

「色調分離」調整圖層是利用調整影像色階的方式,將影像變成插畫風格的色調調整功能,可以用來表現繪畫風格。

● 何謂色調分離 (調整色階)

色調分離是指改變影像色調 (顏色數量) 的影像編輯處理。使用這個功能,可以減少色階,把影像編修成插畫風格。

● 把影像變成插畫風格

執行以下步驟,可以利用「色調分離」調整圖層,把影像編修成插畫風格。

01 開啟影像,新增「色調分離」調整圖層❶。

關於新增調整圖層的方法請參考 p.50。

02 在「內容」面板設定「色階」❷。數值愈小,影像變得愈單純,最小值是「4」。

03 設定「色階:4」之後,能將影像編修成插畫風格,如右圖所示❸。

使用「色調分離」調整圖層,透過簡單的操作方式,可以讓影像產生大幅變化。請針對各種影像設定不同的色階數量,確認實際的效果。

3-13 變成插畫風格 「漸層對應」

「漸層對應」調整圖層是將影像的灰階範圍更換成特定漸層色的色調調整功能，可以用來表現繪畫風格。

🌑 何謂漸層對應

「漸層對應」調整圖層是將影像的灰階範圍更換成特定漸層色的色調調整功能。

🌓 套用漸層對應

執行以下步驟，可以使用「漸層對應」調整圖層❶，把影像編修成插畫風格。

01 新增調整圖層❶，按一下「內容」面板中的漸層列❷。

勾選「混色」，會隨機增加雜訊，讓漸層變平滑，避免出現色調不連續（深淺條紋）的情況。
勾選「反轉」，就會反轉漸層的方向。

02 開啟「漸層編輯器」對話視窗，利用這個對話視窗，就可以編輯漸層。這個範例是選取漸層色❸，再按下「確定」鈕❹。

關於「漸層編輯器」的使用方法請參考 p.162 的說明。

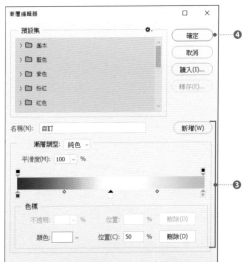

03 這樣就會在影像套用漸層對應的效果。

Lesson 3-14 使用「曲線」個別調整色版

「曲線」是操作簡單，卻又能詳細編輯影像的優秀功能。以下要介紹「個別調整色版」的「曲線」編輯方法。

個別調整色版

「曲線」調整圖層可以依照各個色版來調整影像，所以和「色彩平衡」(**p.64**) 一樣，能用來去除色偏現象。此外，在「曲線」調整圖層的「內容」面板中，使用「在影像上按一下並拖曳可修改曲線」鈕，就可以直覺調整影像。

01 新增「曲線」調整圖層❶，開啟「內容」面板。

02 在面板上方設定目標色版。例如，選取「紅」色版❷，建立中間調往上調整的曲線❸，增加影像的紅色調❹。這個步驟能減少紅色的補色「藍色」。

03 同樣選取「藍」❺，建立中間調往上調整的曲線❻，增加藍色調，這樣就會減少補色「黃色」的色調❼。

04 回到 RGB 色版❽，顯示在各色版調整後的所有曲線。
按下「在影像上按一下並拖曳可修改曲線」鈕❾，在影像上拖曳，就可以直覺調整滑鼠拖曳的部分❿。

按下面板右上方的「自動」鈕⓫，可以自動進行調整，但是不見得能獲得適當的結果。另外，在預設集中，事先提供了幾種調整曲線⓬，請視狀況善加運用。

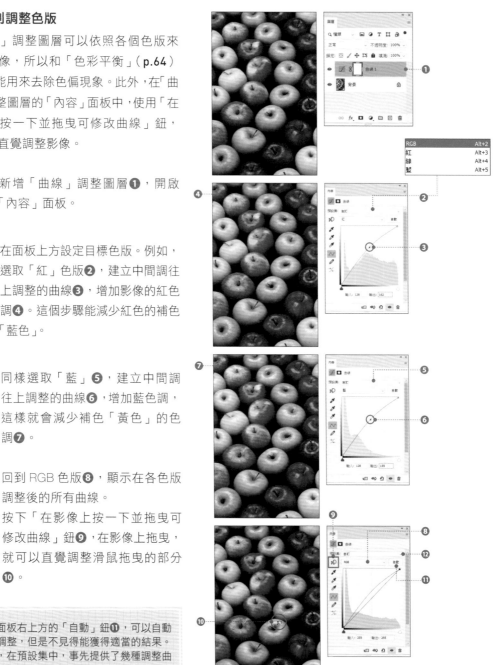

影像調整的基本流程

如同前面的說明，Photoshop 提供了許多調整、編修影像的功能，而且一般很少只用單一功能來完成調整工作，大部分都是組合多種功能來調整影像。因此，事先掌握編修流程，也是非常重要的工作。以下整理了基本的影像調整流程，但是不見得每次都得按照這裡介紹的流程來操作，請根據實際的工作內容及影像特性加以妥善運用。

◐ 影像調整的基本順序

使用 Photoshop 進行影像調整時，基本的操作流程為❶～❽，如以下所示。這是最基本的流程，假如有用不到的步驟就跳過；若有需要增加的內容，請插入各個步驟中，藉此找到最佳流程。

❶確認影像解析度

開啟「影像尺寸」對話視窗，確認影像的解析度與大小，調整成製作物需要的解析度及輸出尺寸。➡ p.22

❷修正傾斜與去除多餘部分

假如影像出現傾斜，請在一開始先進行修正。➡ p.34
另外，若拍攝到垃圾或灰塵等多餘部分，請利用「仿製印章工具」等工具去除。➡ p.168

❸調整明暗

使用「色階」或「曲線」調整圖層，調整影像的明暗。
➡ p.54、p.56

❹調整色調及飽和度

使用「色相/飽和度」或「色彩平衡」調整圖層，可以調整影像的色調及飽和度。
➡ p.60、p.64

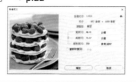

❺其他特殊加工

配合需求，進行其他特殊加工用的調整。繪畫風格濾鏡也是在這個階段套用。➡ p.190

❻增加強弱對比

依照需求，在整個影像套用「遮色片銳利化調整」濾鏡，增加影像的強弱對比。➡ p.184

❼合併影像

在置入其他應用程式的文件，或轉換色彩模式之前，先合併影像。合併前的檔案一定要先儲存起來。➡ p.117

❽轉換色彩模式

假如是印刷用影像，在結束調整工作後，執行「影像→模式→ CMYK 色彩」命令，把影像轉換成 CMYK 色彩模式。
➡ p.21

❾完成

利用一連串的流程進行操作，就能減少修改，以較高的工作效率來編修影像。

Lesson · 4

How to make a Selection.

建立選取範圍

一起來學習 Photoshop 最重要的功能！

這一章要介紹「選取範圍」。建立選取範
圍，可以調整、編修部分影像，或拷貝之
後，貼在其他影像上。建立選取範圍的方
法會隨著影像而異，請努力練習，學會如
何用更有效率的方法建立選取範圍。

Lesson 4-1　選取範圍的基本知識

「選取範圍」可以說是 Photoshop 眾多功能之中，最重要的功能之一，請先確實學會與選取範圍有關的基本知識。

🌀 何謂選取範圍

Photoshop 的選取範圍是指「影像中選取起來的部分」。建立選取範圍後，就完全不會影響非選取範圍的部分（維持原本的狀態），只針對選取範圍編輯或套用各種效果。

▶ 若要在整個影像套用相同處理，就不需要建立選取範圍。

▶ 若只想對影像的某一部分套用處理，就得建立選取範圍，設定要套用的部分。

假設要調整部分影像的顏色，就針對該部分建立選取範圍。建立選取範圍後的處理（更改顏色等），只會套用在選取範圍內的像素上（**圖1**）。

Photoshop 大部分都是針對「特定部分」而非「整個影像」進行處理。因此，按照期望建立選取範圍是學習 Photoshop 時，不能缺少的重要技巧。

🌀 建立選取範圍時的重點

Photoshop 的選取範圍必須先記住以下兩點。

▶ 除了形狀（輪廓）之外，其他部分也可以建立選取範圍。

▶ 可以用色階設定選取範圍。

首先要說明「除形狀之外也能建立選取範圍」這一點。聽到選取範圍，多數人都會想到「花的輪廓」、「影像內的動物部分」等被攝體的形狀（輪廓）。雖然這種想法也正確，但是 Photoshop 除了能根據形狀建立選取範圍，也可以選取特定顏色建立選取範圍，例如「影像內的紅色部分」（**圖2**）。

圖1 Photoshop 的基本原則是以點線來表現選取範圍❶。圖中沿著蘋果的輪廓顯示的黑白虛線，就是選取範圍。這個範例只修改了選取範圍內的顏色，雖然比較極端，卻由此可知，建立選取範圍之後，能在不影響選取範圍外的部分來編修影像。

圖2 上圖只選取了紅色部分，這張影像比較不容易理解，但是檢視下圖，就可以確認效果。下圖將紅色變成了綠色。這種編修方法乍看之下好像很困難，但是只要瞭解什麼是選取範圍，就能輕鬆完成。

可以用色階建立選取範圍

一般聽到選取範圍，往往會認為只有「選取」或「非選取」其中一種，但是 Photoshop 可以用 **256 色階**來選取目標像素。

例如，選取某張影像的 50%（128/256）再刪除，該部分就會變成 50% 的狀態（半透明）（**圖3**）。

現階段可能無法瞭解這個功能有多好用，但是有了這個功能，可以完成高階的影像編修及合成，是非常重要的功能之一，後面將會具體說明使用方法。

圖3 建立 50%（128/256）的選取範圍，刪除影像，所有像素顏色及濃度都變成 50%，因而形成半透明狀態。

利用灰階設定選取範圍

這個部分與「用 256 色階建立選取範圍」的方法密不可分，這裡先概略介紹，Photoshop 可以利用灰階（白～灰～黑）建立選取範圍（**圖4**）。

例如，將筆刷設定為 50% 灰階（RGB 值皆為 128），可以建立 50% 選取範圍。黑色是「選取程度：0%」，白色是「選取程度：100%」。關於使用灰階建立選取範圍的方法及用法將在 **p.92** 詳細說明。

圖4 Photoshop 可以使用灰階建立選取範圍。

實用的延伸知識！ ▷ **為什麼是「256」？**

上面說明過，Photoshop 的選取範圍是以 256 色階來設定選取程度，可是你是否曾想過，為什麼是 256 色階？而不是比較好記的 100 色階？

事實上「256」這個數字在數位世界裡，是非常好記的數字之一。「256」是可以用 1 位元組（8 位元）來表現的數值。

1 位元只能以「0」或「1」來表示，因此可以用位元組表現的數值，就是 2 的 8 次方＝ 256 種。

此外，可能有些人已經注意到，RGB 色彩的各種顏色也是以 0～ 255 的 256 色階來表現。換句話說，在 Photoshop 的 RGB 色彩中，可以表現約 1670 萬色（R：256 色階 ×G：256 色階 ×B：256 色階）。

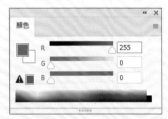

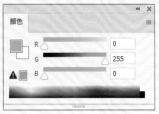

4-2 建立矩形或橢圓形的選取範圍

使用「矩形選取畫面工具」或「橢圓選取畫面工具」，可以輕鬆建立矩形或橢圓形的選取範圍。這是最基本的建立選取範圍方法之一。

「矩形選取畫面工具」 □ 的用法

執行以下步驟，可以建立矩形選取範圍。

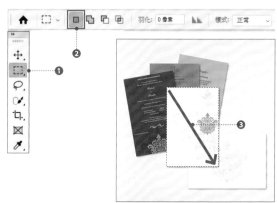

01 在工具列中，選取「矩形選取畫面工具」 □ ❶，並且選取選項列中的「新增選取範圍」鈕❷。

02 在影像上拖曳，就會建立與拖曳範圍形成對角線的矩形選取範圍❸。

03 按下 shift 鍵，當游標變成 ⊞ 圖時，選項列的選取範圍選項（請參考下表）就會變成選取「增加至選取範圍」。在此狀態下拖曳，即可增加選取範圍❹。

● 「矩形選取畫面工具」的選項列

● 「矩形選取畫面工具」選項列的設定項目

項目	說明
❶ 選取範圍選項	可以設定如何新增選取範圍，自左起如下所示。 ・新增選取範圍 ・增加至選取範圍（增加到現有的範圍） ・從選取範圍中減去（從現有選取範圍中刪除） ・與選取範圍相交（保留與現有選取範圍的共通範圍）
❷ 羽化	模糊選取範圍的邊緣。設定成較大的數值，邊緣的細節就會消失。
❸ 平滑邊緣轉變	讓凹凸不平的選取範圍邊緣變平滑，邊緣細節不會消失。
❹ 樣式	選取拖曳時的動作。 「正常」：可以隨意拖曳 「固定比例」：固定選取範圍的長寬比 「固定尺寸」：利用數值設定尺寸，建立選取範圍
❺ 選取並遮住	建立選取範圍後，按一下這個按鈕，就會開啟「選取並遮住」工作區。關於「選取並遮住」工作區的說明請參考 p.104。

04 在影像上建立選取範圍的狀態下，套用「色相／飽和度」調整圖層（p.60），只有選取範圍內的顏色會出現變化，如右圖所示❺。

由此可以得知，建立選取範圍，可以在部分影像套用效果，而非整個影像。

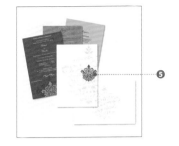

🌀 移動選取範圍

執行以下步驟，可以移動選取範圍。

01 選取工具列中的「矩形選取畫面工具」 ⬚，在選取範圍內移動滑鼠游標，游標的形狀就會改變，如右圖所示❶。

在此狀態下拖曳，即可移動選取範圍❷。

02 選取「移動工具」 ✛，在選取範圍內拖曳❸，可以剪下該範圍❹。

在建立選取範圍時（拖曳操作中），按下 space 鍵，也可以更改選取範圍的位置。此外，以其他方法建立選取範圍時，移動選取範圍的方法都一樣，因此請先確實記下來。

實用的延伸知識！ ▶ **「橢圓選取畫面工具」的用法**

基本上「橢圓選取畫面工具」的用法和上面說明過的「矩形選取畫面工具」一樣，選項列也相同。選取工具，在影像上拖曳，就能建立橢圓形選取範圍❶。另外，按住 shift 鍵不放並拖曳，可以建立正圓形選取範圍。在「矩形選取畫面工具」與「橢圓選取畫面工具」同一類別裡，還有「水平單線選取畫面工具」與「垂直單線選取畫面工具」，由於使用頻率較少，所以本書省略不提。

Lesson 4-3　建立形狀複雜的選取範圍

使用「套索工具」、「多邊形套索工具」、「磁性套索工具」,以包圍目標對象的方式拖曳,可以輕鬆建立選取範圍。

「套索工具」 ♀. 的用法

「套索工具」♀.可以用來建立曲線選取範圍。

01 在工具列中,選取「套索工具」♀.**❶**,按下選項列的「新增選取範圍」**❷**。

02 在影像上拖曳**❸**,會沿著拖曳軌跡建立選取範圍**❹**。一般回到拖曳起點,即停止拖曳。

> 若在回到起點前停止拖曳,會以直線連接起點與終點,建立選取範圍。

> 繪圖時,按住 Alt(option)鍵不放並按一下,將暫時變成「多邊形套索工具」,可以畫出直線。

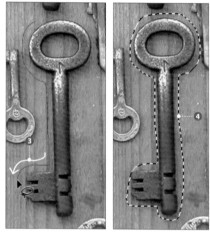

「多邊形套索工具」 ♢. 的用法

「多邊形套索工具」♢.可以用來建立多邊形選取範圍。

01 在工具列選取「多邊形套索工具」♢.**❶**,按下選項列的「新增選取範圍」**❷**。

02 在影像上按一下,開始選取目標對象。回到起點之後,游標右下方會顯示○標誌**❸**,再按一下,就能建立選取範圍**❹**。

> 繪圖時,按住 Alt(option)鍵不放並按一下,將暫時變成「套索工具」,可以畫出曲線。

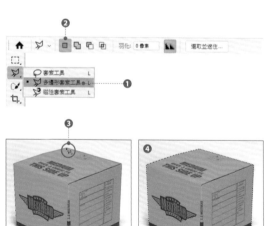

◑「磁性套索工具」 ⽅. 的用法

「磁性套索工具」⽅.是自動偵測目標物件，
建立選取範圍的工具。適合背景對比差異較
大的影像。

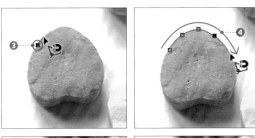

---

01 在工具列中選取「磁性套索工具」⽅.
❶，按下「新增選取範圍」❷。

---

02 按一下，建立最初的錨點❸。

---

03 之後沿著目標物件拖曳❹，就能自動
偵測物件與背景的邊緣，建立選取範
圍。

---

04 回到起點後，游標右下方會顯示○標
誌❺，再按一下，即可建立選取範圍
❻。

「套索工具」♀.與「多邊形套索工具」⽅.的
選項列設定項目與「矩形選取畫面工具」⒒.
一樣（p.78）。但是「磁性套索工具」⽅.提
供了自動偵測用的設定項目。請參考下表，
設定各個項目。

> 如果要刪除固定的錨點，請按住 `Delete`
> （`BackSpace`）鍵，直到目標部分消失為止。假如
> 半途要封閉邊緣，請雙按滑鼠左鍵。

●「磁性套索工具」的選項列

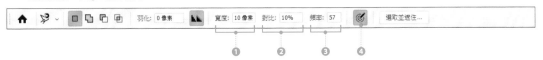

●「磁性套索工具」選項列的設定項目

項目	說明
❶ 寬度	設定偵測寬度（距離滑鼠游標的位置），不會偵測到超出範圍的邊緣。
❷ 對比	設定偵測邊緣的感度。設定成較高的數值時，只會偵測對比較周圍強烈的邊緣；設定成較低的數值時，能偵測對比弱的邊緣。
❸ 頻率	設定固定錨點的頻率。
❹ 使用數位板的壓力以更改筆的寬度	開啟這個項目，使用手寫板加強筆壓時，邊緣寬度會變窄。

4-4 自動建立選取範圍

使用「快速選取工具」及「魔術棒選取工具」，可以針對特定對象，自動建立選取範圍。即使是複雜的形狀，也能利用設定方式來建立精確的選取範圍。

◐ 「快速選取工具」 ◢ 的用法

使用「快速選取工具」 ◢ ，在影像上大致按一下或拖曳，就可以針對特定對象建立選取範圍。

這個工具可以利用「物件與背景的對比差異」，自動判斷選取對象，因此選取的物件與背景的對比差異愈大，效果愈好。只要有足夠的對比差異，即使是複雜的形狀，也可以建立正確的選取範圍。

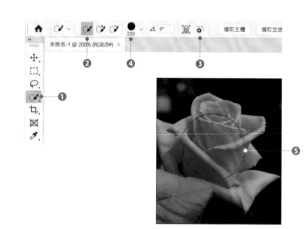

01 在工具列選取「快速選取工具」 ◢ ❶，按下選項列的「新增選取範圍」❷，並勾選「自動增強」❸。

02 設定筆刷尺寸❹。這次的範例設定為「尺寸：250 像素」。通常會將筆刷尺寸設定成比目標物件還小一點，只要按一下，就能建立比較適當的選取範圍。

03 在影像上按一下或拖曳❺，即可自動偵測出在精準度範圍內的目標物件，建立選取範圍❻。

04 假如按一下無法建立正確的選取範圍❼，請調整筆刷尺寸，再次按一下或拖曳，增加選取範圍❽。

● 「快速選取工具」的選項列設定項目

項目	說明
筆刷設定	設定筆刷尺寸。「尺寸」是設定筆刷大小，「硬度」是設定模糊程度。詳細內容請參考下頁的「實用的延伸知識！」。
自複合影像取樣顏色	按下這個圖示，所有圖層將成為自動偵測對象；取消之後，只有目前選取中圖層（在「圖層」面板內，選取中的圖層）成為自動偵測對象。
自動增強選取範圍邊緣	按下這個圖示，可以自動調整選取範圍的邊緣粗細或變形。
選取主體	按下這個圖示，可以自動辨識並選取影像內的主要被攝體。
選取並遮住	建立選取範圍後，按一下這裡，可以開啟「選取並遮住」工作區，調整選取範圍的邊緣。關於這個對話視窗請參考 **p.104** 的說明。

05 新增「色相／飽和度」調整圖層**❾**，往右移動「色相」滑桿**❿**，就只會調整花朵的色相，不會影響周圍影像，如右圖所示**⓫**。

關於「色相／飽和度」調整圖層的新增方法及操作步驟請參考 **p.60** 的說明。

建立選取範圍，再新增調整圖層，調整圖層的右側縮圖就會顯示成選取範圍為白色，非選取範圍為黑色的狀態**⓬**。這裡的縮圖代表著「遮色片」功能。遮色片的部分將在 **p.132** 詳細説明。遮色片是以黑～灰～白來顯示選取範圍。

實用的延伸知識！ ▶ **筆刷揀選器的設定項目**

在 Photoshop 中，各種工具都會用到「筆刷」，其中包括選取類的工具在內。筆刷就像在繪圖時使用的畫筆，Photoshopt 的「筆刷揀選器」可以設定筆刷的尺寸、硬度、形狀等項目。

如果要設定筆刷，請按一下選取各工具時，顯示在選項列上的筆刷尺寸圖示**❶**，就會顯示筆刷揀選器，如右圖所示。在這裡可以設定各個項目。

● **筆刷揀選器的設定**

項目	說明
尺寸	筆刷的大小。
硬度	筆刷的模糊程度。
間距	筆刷的間隔。
角度／圓度	筆刷的角度與圓度（100% 以下變成橢圓形）。

「尺寸」可以利用快速鍵] 或 [來調整。

「魔術棒工具」✦ 的用法

「魔術棒工具」✦是建立影像內類似色彩而非影像輪廓（邊緣）的選取範圍工具。例如，可以「只選取影像內的綠色像素」。

目標物件與背景對比差異較大且背景單一，或顏色差異明顯，如插畫般的影像，使用這個工具就能快速建立選取範圍。

01 在工具列選取「魔術棒工具」✦ ❶，按下選項列的「新增選取範圍」❷。

02 按一下要選取的部分 ❸，就能根據該部分的顏色及深淺，自動選取類似的像素，包含在選取範圍內 ❹。

03 假如按一次無法選取完整的範圍，請按住 shift 鍵不放，再按一下想增加至選取範圍的部分。假如選取了多餘的部分，請按住 Alt（option）鍵不放，再按一下要排除的部分 ❺。

● 「魔術棒工具」的選項列

● 「魔術棒工具」的選項列設定項目

功能	概要
❶ 選取範圍選項	左起是「新增選取範圍」、「增加至選取範圍」、「從選取範圍中減去」、「與選取範圍相交」，詳細說明請參考 p.76。
❷ 樣本尺寸	設定當作自動處理基準的取樣（像素）範圍。選取「點狀樣本」，會以選取的像素顏色或濃度為基準。若選擇其他選項，將以設定範圍的平均值當作基準。
❸ 容許度	以 0 ～ 255 設定選取像素的色彩範圍。較低的容許度會選取比較接近選取像素的色彩；容許度愈高，選取色彩的範圍愈大。
❹ 平滑邊緣轉變	按下這個圖示，能讓選取範圍的邊緣變平滑。
❺ 只取樣連續的像素	按下這個圖示，只有與選取部分相鄰的像素才會成為選取對象。
❻ 從複合影像中取樣顏色	按下這個圖示，會使用所有顯示圖層的資料來選取色彩。
❼ 選取主體	按下這個圖示，會自動辨識並選取影像內的主要被攝體。
❽ 選取並遮住	建立選取範圍後，按一下這個鈕，就會開啟「選取並遮住」工作區（p.104）。

🌑 反轉選取範圍

Photoshop 可以輕易反轉（更換）選取範圍及非選取範圍。利用這個功能，即使選取對象的色階比較複雜，也能輕易選取，請一定要記住這個方法。

01 使用「魔術棒工具」 🪄 ，按一下最後不選取的部分❶。這次的範例是按一下背景的白色部分。

📎 假如按一下無法完美選取，請參考上一頁的STEP03。

02 執行「選取→反轉」命令❷。

03 反轉選取範圍，選取要建立選取範圍的高跟鞋部分❸。

實用的延伸知識！ ▶ **變成透明背景**

如果要讓目標對象的背景變透明，請先把背景圖層轉換成一般圖層❶（p.120），接著選取背景，按下 Delete 鍵，背景就會變成透明❷（p.113）。如果沒有將背景圖層轉換成一般圖層，將無法執行這項操作，請特別留意。

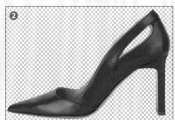

Lesson 4-5　瞬間選取被攝體

使用自 CC2018 開始新增的功能「選取主體」，Photoshop 就能自動辨別被攝體（人物等），瞬間建立選取範圍。

◐「選取主體」的用法

「選取主體」的方法非常簡單，只要在開啟照片的狀態下，執行「選取→主體」命令。

此外，「選取主體」功能已經先利用先進的機器學習技術學習了包含人物、動物、交通工具、玩具等各種「題材」的影像，可以自動辨識。

以下將使用「選取主體」試著選取右邊照片中的人物。

01　在開啟影像的狀態執行「選取→主體」命令❶。

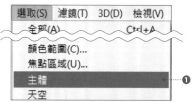

02　自動辨識影像內的被攝體，建立人物的選取範圍❷。

單憑「選取主體」功能仍無法選取細節時，請搭配快速遮色片（p.96）等功能，新增、刪除選取範圍，進行調整。

實用的延伸知識！　▶ 重置選項列

如果要讓各個工具的選項列設定恢復成預設值，可以按下選項列左邊的工具圖示❶，利用視窗右上方的選單執行「重設工具」命令❷。每個工具的選項列都有提供這個功能，先記住這一點就很方便。

「快速選取工具」與「魔術棒工具」的選項

在「快速選取工具」與「魔術棒工具」的選項列也提供了「選取主體」的功能❶❷。使用這些工具時，只要按下「選取主體」鈕，就可以辨識並選取影像內的被攝體。

我們已經在這些工具的用法說明過基本的使用方式（p.82、p.84），不過有時可能無法得到適當的結果，因此請根據影像內容來判斷是否使用「選取主體」。

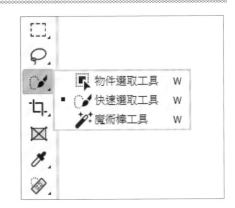

● 「快速選取工具」的選項列

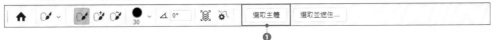

❶

● 「魔術棒工具」的選項列

❷

左圖使用了「快速選取工具」（p.82）的「選取主體」，把包含葉子在內的整朵玫瑰花都辨識成主體，必須調整部分選取範圍。

上圖使用了「魔術棒工具」（p.84）的「選取主體」，雖然將高跟鞋辨識為主體，卻沒有完整選取起縫隙部分，因而必須調整選取範圍。

4-6 取消與儲存／載入選取範圍

以下要說明選取範圍的基本技巧，包括「解除選取範圍」、「儲存選取範圍」、「載入選取範圍」的方法。

🌑 取消選取範圍

執行「選取→取消選取」命令，可以取消之前建立的選取範圍❶，讓影像上所有的選取範圍消失。

假如不小心誤取消了選取範圍，執行「選取→重新選取」命令就能恢復。

但是一旦關閉檔案，這項操作就會失效。關閉檔案之後，如果還要使用選取範圍，就得先將選取範圍儲存起來（請參考下個單元）。

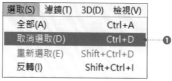

🌑 儲存選取範圍

選取範圍不會直接儲存下來，關閉檔案之後，設定就會消失。

假如在取消選取範圍或關閉檔案後，想再次使用該選取範圍時，必須先將選取範圍儲存起來。

01 建立選取範圍後❶，執行「選取→儲存選取範圍」命令❷。

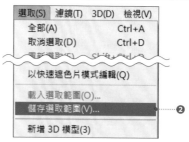

02 開啟「選取範圍」對話視窗，設定各個項目❸，按下「確定」鈕❹。
一般設定內容如右圖所示。
儲存之後，取消選取範圍。

可以省略「名稱」。省略之後，會自動以「Alpha色版（編號）」的名稱儲存選取範圍。

● 「儲存選取範圍」對話視窗的設定項目

項目	說明
文件	選取範圍要儲存在檔案內，所以必須設定該檔案名稱（文件）。一般都是設定成目前的檔案，儲存了選取範圍的檔案會以 PSD 格式儲存。
色版	把選取範圍儲存成「Alpha 色版」，所以要設定儲存目標，一般選擇「新增」。關於 Alpha 色版的說明請參考下一頁。
名稱	設定載入選取範圍時使用的名稱，可以省略。
操作	設定要如何儲存選取範圍，一般選擇「新增色版」。

03 選取範圍儲存成「Alpha 色版」（p.86）。你可以在「色版」面板確認選取範圍的儲存狀態。執行「視窗→色版」命令，開啟「色版」面板就可以得知依照剛才設定的名稱儲存了選取範圍❺。

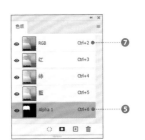

04 按一下「色版」面板中的「Alpha 1」色版，能以灰階方式確認剛才儲存的選取範圍。白色部分代表 100% 選取，黑色部分是非選取範圍❻。確認之後，按一下「RGB」色版（合成色版），恢復成原狀❼。

🌑 載入選取範圍

執行以下步驟，可以將儲存在 Alpha 色版中的選取範圍載入影像中。

01 執行「選取→載入選取範圍」命令，開啟「載入選取範圍」對話視窗，在「色版」項目中，設定要載入的選取範圍❶，再按下「確定」鈕❷。

02 在影像載入選取範圍❸。

🖉 勾選「載入選取範圍」對話視窗中的「反轉」❹，可以反轉選取範圍後載入。

🖉 按住 Ctrl（⌘）鍵不放，再按一下儲存在「色版」面板中的 Alpha 色版縮圖，也可以載入選取範圍。

4-7 認識 Alpha 色板

對於 Photoshop 的初學者而言，Alpha 色版可能是比較難以瞭解的功能之一。可是只要確實打好基礎，一定可以馬上學會如何運用。

🔵 何謂色版

想要瞭解 Alpha 色版，必須先瞭解什麼是色版。

色版是指儲存了各種資料的灰階影像。各個色版都是以灰階影像管理各種資訊。例如，RGB 色彩影像是以「紅」、「綠」、「藍」等三種色版管理影像的色彩資訊（CMYK 是四個色版）。

此外，這些色版與 Alpha 色版不同，一開始就設定在各個影像中。

請見右圖，這個影像為 RGB 色彩，所以檢視「色版」面板，可以看到影像是由「紅」、「綠」、「藍」色版構成，而且各色版顯示的顏色是灰階❶。

🔵 「色版」面板的基本操作

在「色版」面板選取任何一個色版，就能確認該色版的色彩資訊。而色彩資訊是以 256 階的灰階來管理。

例如「R：255、G：0、B：0」的紅色像素在選取「紅」色版時，顯示為白色，選取「綠」或「藍」色版時，顯示為黑色。

請見右圖，個別選取每個色版，就能確認每種顏色的濃度，請先記住這個特色。

另外，一般會選取「RGB」色版（合成色版）來進行操作。

合成色版

各色色版

❶

選取「RGB」色版

選取「紅」色版

選取「綠」色版

選取「藍」色版

何謂 Alpha 色版

Alpha 色版是指儲存選取範圍用的特別色版。建立選取範圍後，執行「選取→儲存選取範圍」命令，選取範圍就會儲存在 Alpha 色版中❶（p.88）。

前面說明過，Photoshop 可以利用 256 色階的選取狀態來建立選取範圍（p.77），而 Alpha 色版就是用 256 色階的灰階來管理這個部分。100% 選取的部分是白色，完全沒有選取的部分變成黑色。

在「色版」面板選取 Alpha 色版，可以利用灰階來確認儲存在 Alpha 色版中的選取範圍狀態❷。

> 在 Photoshop 中，一個檔案最大可以儲存 56 個色版。由於 RGB 影像有 3 個色版，所以搭配 Alpha 色版與特別色色版，可以增加至 53 個色版。特別色色版是指使用特別色印刷時，當作該特別色用的「色版」。

Alpha 色版的使用場合

Alpha 色版主要用來處理以下兩種情況。

▶ 儲存選取範圍
▶ 編輯選取範圍

關於儲存部分，如同前面說明過，Photoshop 無法直接儲存選取範圍的狀態，所以如果要反覆使用相同的選取範圍，或使用於其他影像時，必須事先儲存在 Alpha 色版中。

Alpha 色版也可用來編輯選取範圍，這個功能十分重要。利用 256 階的灰階編輯選取範圍，可以執行較精準的影像編輯或影像合成。

下一頁將要說明關於選取範圍的編輯方法。

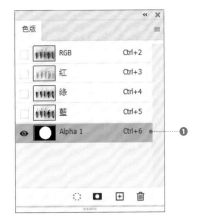

這是在「橢圓選取畫面工具」的選項列，設定「羽化：10 像素」，建立選取範圍之後，再儲存的結果。由於選取範圍邊緣加上了模糊效果，所以包含灰階部分。

因為可以利用 256 色階設定選取範圍，所以能完成如上圖的影像合成。

4-8 利用 Alpha 色版編輯選取範圍

利用 Photoshop 編輯影像或進行影像合成時，必須瞭解 Alpha 色版的編輯方法，而熟知灰階與選取狀態的關係就是一條捷徑。

🔵 選取範圍與灰階的關係

前面說過，Alpha 色版是以灰階儲存色彩資訊，Alpha 色版的灰階與選取範圍的選取狀態存在著以下關係。

- ▶ 選取狀態：**100% →白色**
- ▶ 選取狀態：**0% →黑色**
- ▶ 選取狀態：**50% → 50% 灰階**

🔵 Alpha 色版的編輯方法

儲存在 Alpha 色版的選取範圍是利用灰階來管理，所以能用 Photoshop 提供的各種繪畫、繪圖類工具或功能來編輯，這點非常重要，一定要清楚記下來。

使用設定為黑色的「筆刷工具」 ✏. 塗抹 Alpha 色版，該部分就會變成非選取（選取狀態 0%）狀態；相反地，使用設定成白色的「筆刷工具」 ✏. 塗抹，可以 100% 選取該部分。請試著實際編輯選取範圍。

---
01 開啟影像，在工具列選取「**魔術棒工具**」 ✳. **❶**。

---
02 按住 shift 鍵不放並按一下人物的背景（白色部分），建立選取範圍 **❷**。在這個階段就算不小心選取了人物的一小部分也沒關係。

---
03 建立選取範圍後，執行「**選取→反轉**」命令，選取起人物 **❸**。

Alpha 色板式以 256 色階的灰階來管理選取範圍。

shift ＋按一下 **❷**

04　執行「選取→儲存選取範圍」命令，
開啟「儲存選取範圍」對話視窗，將
選取範圍儲存成 Alpha 色版❹。
儲存之後取消選取範圍（p.88）。

05　執行「視窗→色版」命令，開啟「色
版」面板，選取剛才儲存的選取範圍
（Alpha 色版）❺。

06　畫面顯示出 Alpha 色版。這次是建立
人物的選取範圍，結果如右圖所示，
檢視細節可以看到有部分缺失❻。

07　在工具列選取「筆刷工具」✏️❼，
「前景色」設定為白色❽，接著在沒有
選取到的部分上拖曳，用白色填滿
❾。Alpha 色版中用白色填滿的部分
就成為選取範圍（p.77）。

關於一邊檢視影像，一邊編輯選取範圍的方法
請參考 p.94。

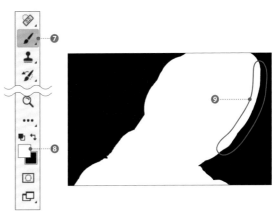

93

08 按下「色版」面板下方的「載入色版為選取範圍」鈕❿。

接著按一下選取「RGB」色版（合成色版）⓫。

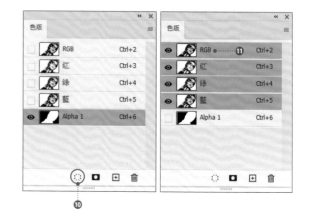

09 這樣就能確認以「筆刷工具」 ✐ 塗抹成白色的部分增加成為選取範圍⓬。

實用的延伸知識！ ▶ **一邊檢視，一邊編輯影像的方法**

為了學習選取範圍與灰階的關係，上面在「色版」面板中，只選取了 Alpha 色版來進行編輯工作，但是這種方法只能顯示 Alpha 色版，所以很難選取或取消影像內的特定物件。

如果要一邊檢視影像，一邊編輯選取範圍，請在「色版」面板選取 Alpha 色版❶，按下「RGB」色版的左邊，顯示眼睛圖示❷，讓 Alpha 色版的資料變成半透明的紅色，就能透視下層影像❸。

在這種狀態下，半透明的紅色為非選取，完全看到影像的部分，代表選取狀態。結束編輯後，按一下 Alpha 色版的左邊❹，隱藏眼睛圖示。

剛開始的時候，你可能會搞不清楚，但是在不斷練習儲存、編輯選取範圍的過程中，就會逐漸熟悉了，所以請先記住 Alpha 色版的顏色與選取狀態的關係。

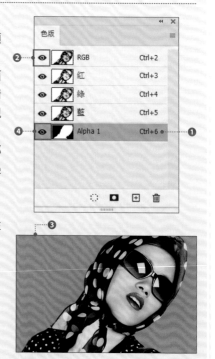

操作「色版」面板

以 Alpha 色版為主的色版相關操作都是在「色版」面板中進行。儲存選取範圍及載入選取範圍可以利用選單來執行（**p.84**），不過使用「色版」面板也能完成相同操作。這兩種方法沒有好壞之分，習慣操作之後，請利用容易使用的方法來執行即可。

◐「色版」面板的各種按鈕

「色版」面板下方提供了四個按鈕。

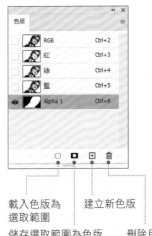

☑「載入色版為選取範圍」鈕

選取 Alpha 色版，按下此按鈕，就可以載入選取範圍。

這個按鈕與執行「選取→載入選取範圍」命令的結果相同。

載入色版為　　　建立新色版
選取範圍
儲存選取範圍為色版　　刪除目前色版

☑「儲存選取範圍為色版」鈕

建立選取範圍後，按住 Alt（option）鍵不放，再按下這個按鈕，就會開啟「新增色版」對話視窗，設定各個項目之後，按下「確定」鈕❶，就能將選取範圍儲存在 Alpha 色版中。

另外，想要更改色版資料時，在色版名稱上雙按滑鼠左鍵，或在縮圖（左邊影像顯示的部分）上雙按滑鼠左鍵，開啟「色版選項」對話視窗，即可進行調整❷。

☑「建立新色版」鈕

按下這個按鈕，可以建立 Alpha 色版。想在沒有選取範圍的狀態中，建立 Alpha 色版時，可以使用這個方法。

☑「刪除目前色版」鈕

選取任意色版，按下按鈕，可以刪除該色版。雖然這個按鈕可以刪除一般色版，但是通常是用來刪除 Alpha 色版。

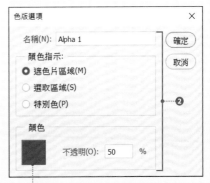

「顏色」是指選取 Alpha 色版時，顯示「RGB」色版的選取範圍顏色。預設狀態為不透明度 50% 的紅色（請參考上一頁）。如果要改變顏色，只要按一下顏色縮圖，就能進行設定。

Lesson 4-9 利用快速遮色片模式編輯

使用快速遮色片模式，可以透過簡單的操作將選取範圍上色，以視覺化方式顯示。在建立不規則形狀的選取範圍，或要編輯現有的選取範圍時，就很方便。

何謂快速遮色片模式

快速遮色片模式是利用顏色讓選取範圍視覺化的模式。一般模式稱作「標準模式」，此時會以黑白虛線圍繞顯示選取範圍，如右圖所示❶。

當畫面切換成快速遮色片模式時，可以用顏色顯示選取範圍❷。

按下工具列最下方的按鈕，能輕易切換畫面顯示模式，這個按鈕屬於開關按鈕（Toggle Button 每次按下就會切換）。

設定快速遮色片模式選項

利用「快速遮色片選項」可以改變快速遮色片模式的顯示狀態。在工具列下方的「以快速遮色片模式編輯」鈕雙按滑鼠左鍵❶，開啟「快速遮色片選項」對話視窗。

☐「顏色指示」區域

「顏色指示」區域是設定加上快速遮色片模式的顏色範圍。選取「選取區域」，可以直覺確認或編輯成為選取範圍的部分。

☐「顏色」區域

「顏色」區域是設定快速遮色片模式的顯示顏色。在預設狀態下，會顯示成紅色（R：255）。目標對象若是紅色系，最好調整成其他顏色，比較容易辨識。

選取「遮色片區域」

「顏色」設定為藍色

🔵 快速遮色片模式的顯示狀態

當畫面切換成快速遮色片模式時，文件標籤會顯示「快速遮色片」字樣❶。在「色版」面板會暫時新增「快速遮色片」色版❷（刪除之後，就會恢復成標準模式）。

「圖層」面板中的圖層顏色是反映「快速遮色片選項」對話視窗內的「顏色」設定❸。

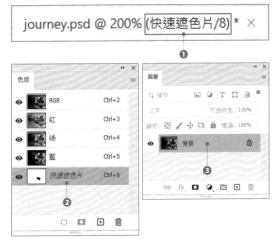

🔵 編輯快速遮色片模式時的選取範圍

切換成快速遮色片模式時，和前面說明過的 Alpha 色版一樣（p.92），可以使用 Photoshop 提供的各種繪畫、繪圖類工具及功能來編輯選取範圍。以下要介紹使用「筆刷工具」 ✐ 編輯選取範圍的方法。

01 選取工具列中的「縮放工具」 🔍 ❶，放大操作領域❷。

02 接著選取工具列中的「筆刷工具」 ✐ ❸，在選項列設定各個項目。這次的設定內容如右圖所示（「筆刷工具」 ✐ 的詳細說明請參考 p.156）。

● 「筆刷工具」的選項列

● 「筆刷工具」選項列的設定項目

項目	說明
❶設定筆刷	「尺寸」是設定大小，「硬度」是設定模糊程度。一般會選擇比較容易使用的圓形筆刷。
❷切換「筆刷」面板	按一下可以切換顯示或隱藏「筆刷」面板。
❸模式	設定繪圖內容與影像的合成方法。以快速遮色片模式編輯時，會設定為「正常」。
❹不透明	設定繪圖的不透明度。不透明：100% 可以清楚繪圖，降低不透明度會逐漸變半透明。
❺流量	設定繪圖的套用速度。

03 確認工具列最下方已經切換成快速遮色片模式，而且「前景色」設定為黑色⑤。接著在影像上，「想要建立選取範圍的部分」拖曳塗抹⑥。

筆刷設定的顏色是黑色，但是塗抹時，將會以「快速遮色片選項」設定的「顏色」來填色（p.96）。預設值是「不透明度：50%」的紅色。

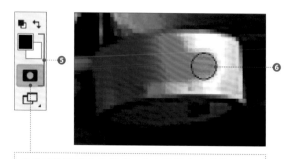

切換成快速遮色片模式，會自動設定成「前景色：黑色」、「背景色：白色」。

04 填滿所有要增加的選取範圍後，結果如右圖所示⑦。
假如不小心塗抹到多餘的部分，請將「前景色」設定為白色，用白色塗抹，即可消除。

05 按下工具列最下方的按鈕，讓畫面恢復成標準模式⑧，就會發現用黑色塗抹的部分增加成為選取範圍⑨。

實用的延伸知識！ ▶ **切換前景色、背景色以及恢復成預設值**

工具列最下方提供的「前景色」與「背景色」設定可以輕易切換或恢復成預設值。
如果要恢復成預設值，可以按下「預設的前景和背景色」鈕❶；若要切換「前景色」與「背景色」，則按下「切換前景和背景色」鈕❷。這些按鈕都有快速鍵可以執行。將前景色與背景色恢復成預設值是按D鍵，而切換前景色與背景色是按X鍵。
此外，按下「前景色」圖示會開啟檢色器，設定成灰色，能以筆刷塗抹的感覺輕鬆建立選取程度不同的選取範圍。

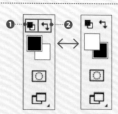

按下「切換前景和背景色」鈕會將兩種顏色對調。

Alpha 色版與快速遮色片模式的差異與用途

看到這裡，或許有人會覺得 Alpha 色版❶與快速遮色片模式 ❷ 的功能非常類似，其實兩者都是「利用 **Photoshop 提供的各種繪畫、繪圖類工具，編輯選取範圍的功能**」。

Photoshop 的選取範圍類工具包括「矩形選取畫面工具」 ⊟、「橢圓選取畫面工具」 ○、「套索工具」 ♀、「快速選取工具」 ✔ 等，使用這些工具都可以輕鬆建立選取範圍；但是相對來說，卻很難進行細節調整、或複雜的選取設定。在執行高階影像合成或色調調整等需要建立精密的選取範圍時，就必須選擇繪圖、繪畫類工具。

Alpha 色版與快速遮色片模式雖然功能非常類似，卻仍有些差異，請見下表。

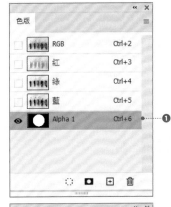

● **Alpha 色版與快速遮色片模式的差異與用法**

	Alpha 色版	快速遮色片
使用繪畫、繪圖類工具編輯	可以	可以
儲存選取範圍	可以	不可以
編輯前的準備工作	必須先儲存選取範圍，否則無法編輯。	無。只要一個按鈕，馬上就能編輯。
更改顏色	可以	可以

由上表可知，我們可以利用「需不需要儲存選取範圍」來決定要選用哪個功能。假如需要儲存選取範圍，就使用 Alpha 色版。

然而，快速遮色片模式不會儲存選取範圍，只要一個按鈕，就可以立即編輯選取範圍，適合用在不需要儲存選取範圍，或想要立刻確認選取範圍的狀態。一般的作法是，在快速遮色片模式進行編輯，只在最後儲存時，使用 Alpha 色版。

4-10 選取顏色範圍 「顏色範圍」

執行「顏色範圍」命令，可以選取指定顏色。如果要精密調整現有的選取範圍，可以套用多次，或搭配執行「連續相近色」命令。

何謂顏色範圍

顏色範圍是指選取特定顏色的功能。套用多次或組合顏色來選取，可以將現有選取範圍調整的比較精細。例如，選取右圖這種形狀複雜的顏色範圍（黃色葉子部分）時，就很方便。

01 執行「選取→顏色範圍」命令 ❶，開啟「顏色範圍」對話視窗。

02 這次的參考範例是黃色葉子，因此設定「選取：黃色」❷，就可以大致選取黃色像素。

03 利用對話視窗內的預視，也可以確認選取範圍 ❸。但是若要清楚確認影像狀態，請在「選取範圍預視」選擇預設方法 ❹。這個範例選取了「黑色邊緣調合」，結果如右圖所示 ❺。

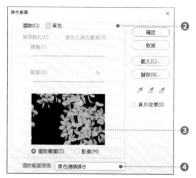

04 按下「確定」鈕，即可轉換成選取範圍。檢視右圖，能確認已經大致選取了黃色像素 ❻。

05 這個範例建立的選取範圍比樹葉稍微小一點，所以利用擴張選取範圍的方式提高精準度。

執行「選取→連續相近色」命令，擴張選取範圍（p.102）。一邊檢視結果，一邊反覆操作，就可以完成精準度較高的選取範圍，如右圖所示❼。

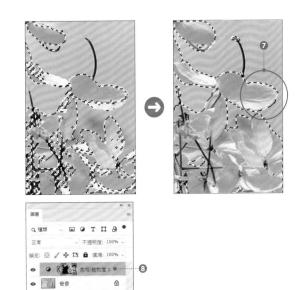

06 新增「色相／飽和度」調整圖層❽，更改色相，能調整樹葉的顏色，如右圖所示❾。

> 新增調整圖層的方法請參考 p.50，關於「色相／飽和度」調整圖層的用法請參考 p.60。

實用的延伸知識！ ▶ **選取皮膚色調及其他方便功能**

在「選項」選取「皮膚色調」❶，可以輕易選取影像內的人類肌膚。假如想選取更精確的肌膚範圍，請勾選「偵測臉孔」，利用「朦朧」來調整❷。

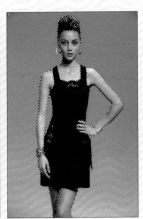

101

4-11 增加選取範圍 「連續相近色」

建立選取範圍後，還可以進行擴張。假如出現尚未完全選取的部分，利用擴張現有選取範圍的方式，就能提高精確度，而且還可以搭配「魔術棒工具」一起使用。

🌀 建立選取範圍與擴張

如果要擴張選取範圍，必須先建立成為擴張對象的選取範圍。請執行以下步驟。

01 選取工具列中的「魔術棒工具」✎，設定「容許度：50」，按一下粉紅色花朵，建立選取範圍**❶**。檢視影像，就會發現有部分範圍沒有被選取**❷**。

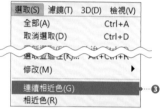

02 執行「選取→連續相近色」命令 **❸**，選取之後，將會根據「魔術棒工具」✎選項列設定的「容許度」，把與現有選取範圍相鄰的部分增加至選取範圍中。

03 檢視選取範圍，可以確認原本沒有選取的花朵部分已經包含在選取範圍內**❹**。假如無法一次選取起來，可以反覆執行這個命令，這樣就能擴張選取範圍。

實用的延伸知識！ ▶ **選取相近色**

與「連續相近色」命令類似的功能有「相近色」命令**❶**。這和擴張現有選取範圍（增加選取範圍）的功能是一樣的，但是處理對象的範圍有所不同。

「連續相近色」的對象是「與現有選取範圍相鄰的部分」，但是「相近色」的對象是「整個影像」，請依照目的選用適當的命令。

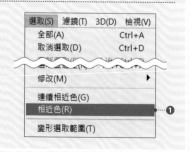

Lesson 4-12 將路徑轉換成選取範圍

Photoshop 可以將「筆型工具」建立的路徑轉換成選取範圍。選取輪廓清楚的物件時，使用這種方法就很方便。

描摹目標物件

如果要對輪廓清楚的目標物件建立選取範圍，使用「筆型工具」 *ø.* 繪製路徑，再轉換成選取範圍的方法最方便。

01 選取工具列中的「筆型工具」 *ø.* ❶，在選項列選取「路徑」❷。

02 沿著目標物件的輪廓描摹，建立封閉路徑❸。

> 「筆型工具」的用法及路徑的基本概念請參考 **p.206** 的說明。

03 儲存路徑。「路徑」面板會自動產生「工作路徑」，在「工作」路徑上雙按滑鼠左鍵❹，開啟「儲存路徑」對話視窗，儲存路徑❺。

04 在「路徑」面板選取已經儲存的路徑❻，按下面板下方的「載入路徑作為選取範圍」❼，就能將路徑轉換成選取範圍了❽。

> 按住 Ctrl （ Command ）鍵不放，並且按一下縮圖，也可以將路徑轉換成選取範圍。

Lesson 4 | 建立選取範圍

4-13 精準選取毛髮

使用「選取並遮住」工作區，可以針對含有蓬鬆毛髮的目標對象建立精確的選取範圍。

選取蓬鬆毛髮的方法

如右圖所示，這種含有毛髮的目標對象，很難使用前面介紹過選取類工具或繪畫、繪圖類工具建立準確的選取範圍。雖然把筆刷尺寸調整到最細，一步一步選取，仍有可能完成，但是考量到工作效率，實在稱不上是一種好方法。

假如要對這種目標對象建立選取範圍，可以使用的方便功能就是「選取並遮住」工作區。利用這個功能，可以運用 Photoshop 的自動處理機制，建立適當的選取範圍。

請先實際嘗試！

在「選取並遮住」工作區中，含有大量詳細的設定項目，建議你先實際動手操作，建立選取範圍。以下將依序詳細說明。

01　如果要使用「選取並遮住」工作區，請先選取工具列中的「快速選取工具」✎（p.82）或「套索工具」⟋（p.80）大致建立選取範圍❶。

02　執行「選取→選取並遮住」命令❷，開啟「選取並遮住」工作區。

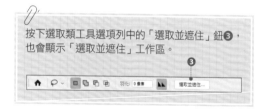

按下選取類工具選項列中的「選取並遮住」鈕❸，也會顯示「選取並遮住」工作區。

03 按一下「檢視」，更改檢視模式。請根據背景及目標對象的顏色，調整成比較容易辨識的模式。檢視模式共有 7 種。

這次的範例選擇了「黑底」❹、「不透明度：100%」❺，這樣畫面就會切換成下圖的狀態❻。

在開啟「選取並遮住」工作區的狀態下，按下 F 鍵，可以依序改變檢視模式。另外，按下 X 鍵，可以暫時關閉檢視模式的設定（恢復成原始影像）。再次按下 X 鍵，就會恢復原本的檢視模式。

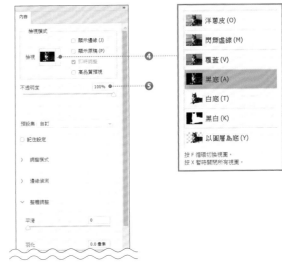

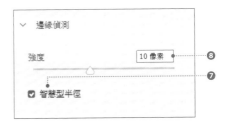

04 勾選「邊緣偵測」區域中的「智慧型半徑」❼，略微提高「半徑」的設定值❽。這次設定為「半徑：10 像素」。

假如「邊緣偵測」區域為關閉狀態，請按下，將這個區域展開。另外，若在勾選了「智慧型半徑」之後才調整半徑，會取消勾選狀態，請注意這一點。

05 這樣就會自動偵測目標對象的邊緣，提高選取範圍的精準度。

套用智慧型半徑前　　　　套用智慧型半徑後

06 假如邊緣偵測的結果不精確，請選取「調整邊緣筆刷工具」✔ **9**，在影像的邊緣拖曳**10**，就能重新偵測邊緣，提高精準度。假如偵測超出範圍，請按住 Alt（option）鍵不放，再拖曳刪除。

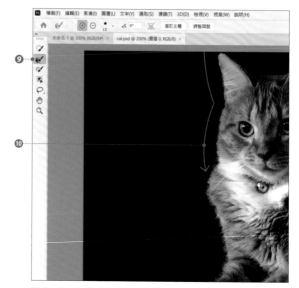

07 進行最終調整。利用「整體調整」區域的各個項目調整邊緣。請一邊檢視選取狀態，一邊調整。

▶ **平滑：讓邊緣變平滑**
▶ **羽化：模糊邊緣**
▶ **對比：讓邊緣變明確**
▶ **調移邊緣：移動邊緣**

這次的範例是按照右圖來設定各個項目**11**，這樣可以提高邊緣的精準度，結果如右圖所示**12**。

08 偵測出邊緣之後，設定輸出方法。假如要轉換成選取範圍，請選擇「輸出至：選取範圍」**13**，按下工作區的「確定」鈕，即可建立如右圖所示的選取範圍**14**，這樣就完成了。

關於「淨化顏色」將在下一頁的專欄中詳細說明。

假如畫面上沒有顯示「輸出設定」，請往下捲動工作區，或把「邊緣偵測」、「整體調整」收合起來，再進行操作。

● 「輸出至」的選擇項目

項目	說明
選取範圍	把偵測到的邊緣輸出成選取範圍。
圖層遮色片	把偵測到的邊緣輸出成圖層遮色片。關於圖層遮色片的說明，請參考 p.132。外觀看起來是影像去背後的狀態。
新增圖層	以偵測到的邊緣將影像去背，並且置於新圖層。關於圖層的說明，請參考 p.112。
新增使用圖層遮色片的圖層	把整個影像拷貝到新圖層上，再用圖層遮色片將影像去背後輸出。
新增文件	利用偵測到的邊緣將影像去背，並置於新的 PSD 檔案中。
新增使用圖層遮色片的文件	把整個影像拷貝到新的 PSD 檔案中，再以圖層遮色片將影像去背後再輸出。

實用的延伸知識！ ▶ **影像去背**

到目前為止，本書尚未詳細解說圖層或圖層遮色片，所以在上面的說明中，很難瞭解實際上會變成什麼模樣。請別擔心，後面會詳細說明這些功能。在「輸出至」選擇「選取範圍」以外的選項，影像的輸出結果會如右圖所示。

在 Photoshop 中，白色及灰色格子代表透明狀態。換句話說，右邊的影像是經過去背後的貓咪。

假如想將去背影像置入在其他影像中，選擇「新增圖層」或「新增使用圖層遮色片的圖層」就很方便。

實用的延伸知識！ ▶ **淨化顏色**

假如目標對象的毛髮蓬鬆或輪廓複雜，進行去背時，邊緣就會產生稱作「Fringe」的多餘色彩❶。而「選取並遮住」工作區的「淨化顏色」功能，就是用來清除這種去背時，產生的多餘色彩❷❸。這個功能位於工作區的下面，並不起眼，我們很容易忽略掉它的重要性，其實這是非常優秀的功能。

4-14 調整選取範圍 「修改」

在 Photoshop 建立選取範圍後，仍可以進行調整。選取範圍的邊緣能加粗、變平滑、擴張、縮減、羽化等。

◐ 更改選取範圍

如果要更改已經建立的選取範圍，執行「選取→修改」命令，再選取以下任何一個命令 ❶。

這些功能只能執行單純的處理，但是在編修影像時，都是非常有用的功能。本單元先介紹基本的操作方法，請先記住各個功能的特色。

● 「修改」以下的命令

命令	說明
邊界	根據設定值加粗選取範圍的邊緣。
平滑	讓選取範圍的邊緣變平滑。
擴張	根據設定值擴充選取範圍。與執行「選取→連續相近色」命令不同。詳細說明請參考下一頁的「實用的延伸知識！」
縮減	根據設定值縮小選取範圍。
羽化	根據設定值模糊選取範圍的邊緣。

☐ 邊界選取範圍

可以用來增加邊緣的寬度。

建立選取範圍後，執行「選取→修改→邊界」命令，開啟「邊界選取範圍」對話視窗，設定加粗的寬度 ❷。

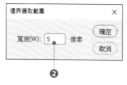

☑ 平滑選取範圍

套用平滑之後，減少了色彩不均勻的情況，
所以選取範圍的銳角或凹凸線條就會變平滑。
建立選取範圍後，執行「選取→修改→平滑」
命令，開啟「平滑選取範圍」對話視窗，設
定「取樣強度」❸。偵測出取樣周圍的像素，
讓邊緣變平滑。

勾選之後，會在版面界
線套用效果。

☑ 擴張選取範圍

當選取範圍比目標對象還要內側時，就可以
運用這個功能。
建立選取範圍後，執行「選取→修改→擴張」
命令，開啟「擴張選取範圍」對話視窗，設
定「擴張」❹，即可根據設定的擴張值，擴
張選取範圍。

☑ 縮減選取範圍

當選取範圍比目標對象還要外側時，就可以
運用這個功能。
建立選取範圍後，執行「選取→修改→縮減」
命令，開啟「縮減選取範圍」對話視窗，設
定「縮減」❺，即可根據設定的數值，縮小
選取範圍。

實用的延伸知識！ ▶ **兩種「擴張」功能**

選取範圍的編輯功能具有以下兩種擴張功能。

❶ 執行「選取→修改→擴張」命令（請見上面說明）

這是利用像素設定擴張量，擴張現有選取範圍的功能，只擴張設
定的擴張寬度。

❷ 執行「選取→連續相近色」命令（p.102）

這是根據「魔術棒工具」選項列的「容許度」，擴張現有選取範
圍的功能。執行之後，可以擴張類似顏色的範圍。

這兩種功能完全不同，請先瞭解兩者的差異。

☑ 羽化選取範圍

合成影像時，略微模糊選取範圍的邊緣，可以完成比較自然的效果。

建立選取範圍後，執行「選取→修改→羽化」命令，開啟「羽化選取範圍」對話視窗，設定「羽化強度」，將根據設定的數值模糊選取範圍的邊緣。

☑ 確認羽化程度

當畫面顯示成標準模式時，即使模糊了邊緣，也無法確認羽化程度。

假如要確認羽化程度，請將畫面顯示切換成快速遮色片模式（p.96），就能瞭解邊緣羽化的程度。

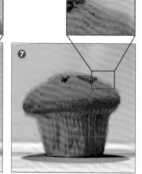

套用羽化前　　　　　　　套用羽化後

☑ 裁切配置

建立選取範圍後，拷貝＆貼上影像，可以單獨裁切選取範圍內的影像。右圖是分別裁切羽化前及羽化後的影像結果，由此可以看出，選取範圍的邊緣（目標對象的輪廓）不一樣。

圖1 左圖是沒有模糊邊緣，執行拷貝＆貼上後的結果；右圖是模糊邊緣後，執行拷貝＆貼上的結果，可以確認邊緣套用了模糊效果。

實用的延伸知識！ ▶ **解決錯誤的方法**

執行「羽化」命令時，有時會顯示「沒有選取多餘 50% 的像素」的錯誤訊息。

在較小的選取範圍，套用過大羽化強度時，就會顯示這個訊息。這是指當模糊範圍太大，邊緣沒辦法顯示時，會造成無法選取的現象。出現這種錯誤訊息時，請降低羽化強度，或增加選取範圍的尺寸。

Lesson · 5

Basic operation of Layers.

圖層的基本操作

確實掌握影像合成的核心功能

這一章要說明合成多張影像時，會用到的「圖層」功能。如果要精通 Photoshop，就一定要瞭解什麼是圖層。Photoshop 全部共提供 6 種圖層。

Lesson 5-1 徹底瞭解圖層

使用 Photoshop 進行影像合成時，一定要先瞭解「圖層」的功能。圖層當中包含了各種功能。

◑ 何謂圖層

圖層是指像透明薄膜的東西。圖層的上面可以放上影像、文字、形狀（圖形）等 Photoshop 能處理的各種物件。

在 Photoshop 重疊多個圖層，能構成各種視覺效果。請見右圖，從正面檢視這是一張影像，但是這張影像是由「背景照片」、「花朵影像」、「文字」等多種元素合成的。

Photoshop 一般會將這些不同的元素放在各個圖層上來管理。

← 文字圖層
← 影像圖層
← 背景圖層

◑ 「圖層」面板

圖層的管理與操作是在「圖層」面板中進行。執行「視窗→圖層」命令，即可開啟「圖層」面板。

上圖影像的圖層結構如右圖所示。重疊順序是由上往下，因此右圖中的「背景」圖層是置於整個影像中的最下層❶。

檢視「圖層」面板，影像狀態即可一目瞭然。此外，按一下左邊的眼睛圖示，可以切換顯示、隱藏圖層❷，選取圖層後，調整「不透明度」能透視影像❸。

圖層提供了許多功能，雖然很難一次全都記下來，但是請務必逐一學習，徹底瞭解圖層的功能。

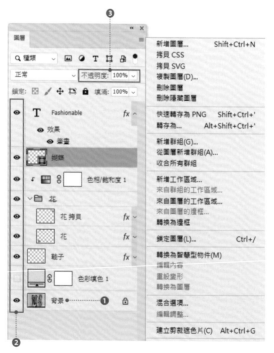

🌙 圖層的種類

Photoshop 提供了 6 種圖層，基本上這些圖層的共通概念是「像透明薄膜的東西」，但是每種圖層的作用與功能不同。以下將簡單介紹這些圖層的概要，請先記住各個圖層的作用，同時注意到每圖層顯示的圖示也不一樣。

「背景」圖層：這是位於檔案最下方的圖層，無法移動或更改不透明度，是一種特殊的圖層。「背景」圖層可以轉換成「一般」圖層（**p.120**）。

填滿圖層：這是用來填滿整個影像的圖層，共有「純色」、「漸層」、「圖樣」等三種。這次的參考範例沒有使用這種圖層，因此設定為「隱藏」。

一般圖層：按下「圖層」面板中的「建立新圖層」鈕，就會建立一般圖層。拷貝＆貼上部分影像時，也會建立這種圖層。

調整圖層：第 3 章說明過的調整圖層也是一種圖層（**p.50**）。Photoshop 提供超過 20 種以上的調整圖層，在這個參考範例中，使用了「色相／飽和度」調整圖層來改變顏色。

形狀圖層：使用「形狀工具」或「筆型工具」繪製形狀（圖形），就會自動建立這種圖層。

文字圖層：使用「文字工具」輸入文字後，就會自動建立這種圖層。輸入之後，仍可以修改內容。

實用的延伸知識！ ▶ **「透明」的表現方式**

在一般圖層中，沒有置入任何物件的部分，會呈現透明狀態，可以顯示出置於下方的圖層。假如下面沒有其他圖層，或和上圖的文字圖層、形狀圖層一樣，圖層上只有一部分放置了物件，單獨顯示這種圖層時，透明部分就會顯示成白灰相間的格狀圖樣，如右圖所示。在 Photoshop 中，這就代表「透明」。

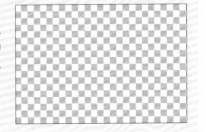

5-2 圖層的基本操作

讓我們先來瞭解圖層的基本操作。學會了如何操作圖層之後，就能提高工作效率。

顯示、隱藏圖層

按下各圖層的左邊的眼睛圖示，就可以切換顯示或隱藏該圖層❶。再按一次，會重新顯示該圖層。利用顯示、隱藏圖層的方式，可以比較版面的變化。

圖1 隱藏了畫面右側置入花朵的圖層（「花拷貝」圖層），而看不到影像上右側的花朵。

> 按住 Alt（option）鍵不放，再按一下圖層的眼睛圖示，能將該圖層之外的所有圖層都隱藏起來。再按一次，即可顯示所有圖層。

調整圖層的重疊順序

在「圖層」面板中，愈上面的圖層，重疊順序愈前面。

利用拖曳方式可以改變圖層的重疊順序，把要更改順序的圖層拖曳到目標位置後放開❶。改變重疊順序之後❷，相對應的視覺效果也會產生變化❸。

> 由於「背景」圖層呈鎖定狀態，即使利用拖曳操作，也無法更改重疊順序。關於更改「背景」圖層順序的方法請參考 **p.120**。

圖2 由於「色彩填色」圖層移動到最上面，使得下面的圖層都看不見，變成一片綠色，如上圖所示。

建立新圖層

如果要建立圖層，請按住 Alt（ option ）
鍵不放，再按一下「圖層」面板下方的
「建立新圖層」鈕❶。

開啟「新增圖層」對話視窗，輸入「名
稱」❷，按下「確定」鈕，就會在目前
選取的圖層上方，建立一個新圖層❸
（假如沒有選取任何圖層，會在最上方
建立新圖層）。

> 不按住 Alt（ option ）鍵，直接按下「建
> 立新圖層」鈕，就不會顯示對話視窗，
> 直接建立新圖層。

● **「新增圖層」對話視窗的設定項目**

項目	說明
名稱	顯示在「圖層」面板上的圖層名稱。後續如果要更改，可以在「圖層」面板中的圖層名稱上雙按滑鼠左鍵，即可修改。
核取方塊	勾選「使用上一個圖層建立剪裁遮色片」，就會製作剪裁遮色片（**p.140**）。
顏色	可以設定用來分類圖層的顏色，這裡設定的顏色會顯示在眼睛圖示的地方。
模式	設定圖層的混合模式（**p.146**）。之後可以利用「圖層」面板左上方的下拉式選單進行調整，一般會選擇「正常」。
不透明	設定圖層的不透明度（**p.131**），後續可以利用「圖層」面板右上方的項目來調整。

刪除圖層

如果要刪除多餘的圖層，請選取「圖層」
面板中的目標圖層❶，按下「圖層」面
板下方的「刪除圖層」鈕❷，開啟確認
刪除對話視窗，按下「是」，即可刪除
該圖層❸。

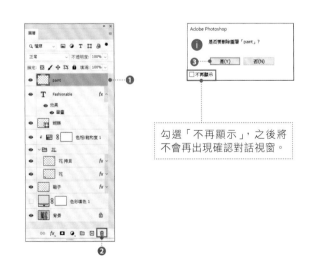

勾選「不再顯示」，之後將
不會再出現確認對話視窗。

> 選取圖層，按下 Delete（ BackSpace ）
> 鍵也可以刪除圖層，此時不會出現確認
> 是否刪除的對話視窗。

複製圖層

如果要複製現有圖層，按住 Alt（ option ）鍵不放，把目標圖層拖曳到「建立新圖層」鈕上再放開❶。

在「複製圖層」對話視窗中，於「為」輸入圖層名稱❷，按下「確定」鈕，即可複製圖層。

> 不按住 Alt（ option ）鍵，直接拖放到「建立新圖層」鈕，就不會顯示對話視窗，直接複製圖層。

> 選取「文件：新增」可以建立新檔案。

將圖層組成群組

隨著圖層數量增加，在「圖層」面板中，對圖層進行處理將變得愈來愈困難。此時，需要將圖層建立群組，適當整理歸納。

如果要將圖層建立群組，請按住 Ctrl（ ⌘ ）鍵不放，選取多個圖層❶，再按住 Alt（ option ）鍵不放，按一下「圖層」面板下方的「建立新群組」鈕❷。

開啟「從圖層新增群組」對話視窗，輸入「名稱」❸，按下「確定」鈕，就能將選取的圖層當作一個群組來管理❹。

> 關於對話視窗的設定項目，請參考上一頁的「新增圖層」對話視窗的說明。

> 不按住 Alt（ option ）鍵，直接拖放到「建立新群組」鈕，就不會顯示對話視窗，直接建立群組。

> 如果要解除已經建立的群組，請選取該群組，執行「圖層→解散圖層群組」命令。

實用的延伸知識！ ▶ **與圖層相關的操作選單**

以下有三種方法可以執行與圖層有關的操作。

▶ 「圖層」面板下方的按鈕
▶ 「圖層」面板的面板選單
▶ 「圖層」選單裡的命令

在這些方法中有多項命令重複，到底要用哪種方法，全憑你自行決定，但是請選擇最方便的方法來執行。

此外，可以使用的命令會隨著選取的圖層種類或群組而異，有些命令需要選取多個圖層才能執行。剛開始學習時，請在影像上建立各種圖層，實際執行命令，以提高理解程度。

連結圖層

連結圖層之後，移動圖層時，就能同時移動多個圖層。想要維持圖層的位置關係時，使用這個功能就很方便。

如果要連結圖層，請按住 Ctrl （ ⌘ ）鍵不放，選取多個圖層❶，再按下「圖層」面板下方的「連結圖層」鈕❷。

連結圖層之後，該圖層的右邊會顯示代表連結的圖示❸。

如果要解除連結，請再次按下「連結圖層」鈕。

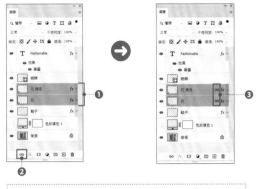

關於移動圖層的方法請參考下一頁。

實用的延伸知識！ ▶ **圖層群組與連結圖層的差異**

上一頁說明過的圖層群組與連結圖層很類似，卻也有不同之處。建立群組，將圖層放在同一個資料夾時，使用剪裁遮色片（**p.140**）可以對該資料夾套用調整圖層。但是連結圖層卻無法套用這個功能。

合併圖層

整理圖層的方法，除了前面說明的「圖層群組」與「連結圖層」之外，還有**合併圖層**。

合併是指將多個圖層整合成一個圖層，但是請特別注意，這個功能與圖層群組及連結圖層不同，執行後無法還原。

如果要合併圖層，請按住 Ctrl （ ⌘ ）鍵不放，選取多個圖層❶，執行「圖層」選單下的合併命令❷。

Photoshop 準備了 5 種合併方法，如下表所示，請掌握各個特色，選擇適當的方法來合併。

合併圖層群組的範例

選單項目的種類會隨著「圖層」面板中，選取的圖層或圖層群組而產生變化。

● 合併種類

合併種類	說明
合併圖層	將選取的多個圖層合併成一個圖層。
合併可見圖層	把顯示中的多個圖層合併成一個圖層。
向下合併圖層	把選取中的圖層及下方圖層合併成一個圖層。
合併群組	把群組內的所有圖層合併成一個圖層。
影像平面化	把所有圖層合併成背景圖層。

選取與移動圖層

在「圖層」面板中可以選取圖層，利用工具列中的「移動工具」＋.也能選取圖層。

選取工具列中的「移動工具」＋.❶，在按下「按一下可見的像素，自動選取群組或圖層」的狀態❷，於影像上拖曳，就可以移動任意物件❸。

游標右上方會顯示移動距離❹。

> 按住 shift 鍵再拖曳，可以限制往水平、垂直、斜 45 度移動圖層。另外，按下方向鍵，能以 1 像素為單位來移動圖層。按住 shift 鍵不放再按下方向鍵，能以 10 像素為單位來移動圖層。按住 Alt（option）鍵不放並拖曳能進行拷貝。

> 按下「按一下可見的像素，自動選取群組或圖層」，不論「圖層」面板中的圖層選取狀態為何，都能直覺選取，但是有時可能選到不同的圖層，必須特別注意。此時，鎖定圖層（p.120）才能有效率地選取到目標圖層。

● 「移動工具」的選項列

項目	說明
按一下可見的像素，自動選取群組或圖層	使用之後，會選取影像上按下滑鼠左鍵位置的物件。開啟這個功能，即使不按 Ctrl（⌘）鍵，也能選取任意物件。選取「群組」，選取的對象會變成群組，可以統一選取起群組內的圖層。選取「圖層」之後，選取對象變成圖層，能個別選取群組內的圖層。
在選取的圖層上顯示變形控制項	按下之後，物件周圍會顯示變形控制項。若要變形圖層，就要使用這項功能（p.119）。

對齊物件

使用「移動工具」＋.選項列的對齊功能，可以讓多個圖層內的物件對齊。此外，還能以版面為基準來對齊物件。

按住 Ctrl（⌘）鍵不放，按一下選取多個圖層❶，再按一下「移動工具」＋.選項列的對齊按鈕❷，就可以對齊選取的圖層❸。

> 「背景」圖層是當作版面基準的圖層，假如想對齊版面，請選取「背景」圖層。執行「選取→全部」命令，可以選取全部版面，成為對齊基準。

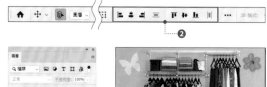

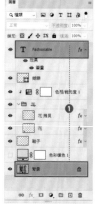

這是以版面為基準，讓文字置中對齊的範例。組合了對齊垂直居中與對齊水平居中。

變形物件

按下「移動工具」 ⊹ 選項列中的「在選取的
圖層上顯示變形控制項」❶，物件周圍會顯
示變形控制項❷。使用變形控制項周圍的 8
個控制點，就能輕鬆變形圖層。

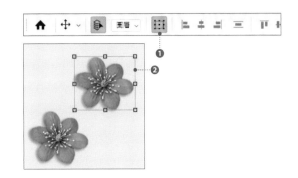

☐ 縮放物件

物件四個角落的控制點稱作**轉角控制點**，將
游標移動到控制點上，將變成**縮放模式**。按
住 shift 鍵不放並拖曳，可以固定縮放的長寬
比❸。此外，利用這種方法放大物件，會讓
畫質降低，所以基本上請別放大。

☐ 旋轉物件

將游標移動到轉角控制點略微外側的位置，
變成**旋轉模式**❹，在此狀態下拖曳，即可旋
轉物件❺。

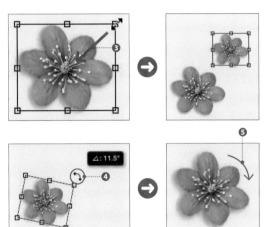

☐ 各種變形

在「圖層」面板選取特定圖層後，執行「編
輯→變形」命令以下的各種命令❻，可以利
用不同方法來變形目標物件。只要操作這些
命令，即可瞭解其中的差異，請實際執行看
看。

☐ 確認變形

變形物件之後，選項列會顯示變形資料❼。
如果要確認變形，可以按一下選項列的 ✓
❽，或在變形控制項內雙按滑鼠左鍵。若想
刪除，請按下 ⊘ 鈕❾。

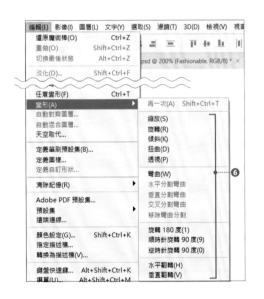

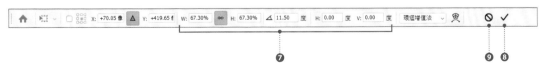

🔖 鎖定圖層

不想移動或變形的圖層可以鎖起來。

如果要鎖定圖層，請在「圖層」面板中，選取目標圖層❶，再按一下鎖住圖示❷。鎖住之後，圖層右邊會顯示鎖頭圖示❸。

Photoshop 提供四種鎖定方法，分別用來鎖定不同對象。請徹底瞭解其中的差異，再配合需要來加以運用。

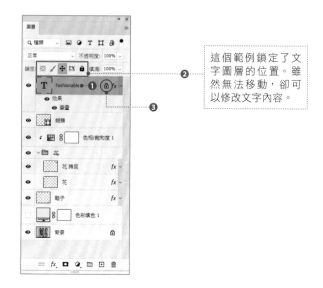

這個範例鎖定了文字圖層的位置。雖然無法移動，卻可以修改文字內容。

● 鎖定的種類

圖示	項目	說明
▨	鎖定透明像素	無法編輯透明部分。
✏	鎖定影像像素	無法繪圖，卻能調整位置。
✛	鎖定位置	無法改變位置，卻可以繪圖。
▱	防止自動嵌進或出工作區域	避免自動嵌進或出工作區域
🔒	全部鎖定	無法做任何更改。

實用的延伸知識！ ▶ 「背景」圖層與一般圖層

使用 Photoshop 開啟非 PSD 格式的影像檔案，或建立新增圖層時，影像會置於「背景」圖層上❶。前面說明過，「背景」圖層為鎖定狀態，所以無法移動或更改不透明度（p.131）。執行這些操作時，必須先將「背景」圖層轉換成一般圖層。

如果要將「背景」圖層轉換成一般圖層，請在「圖層」面板的「背景」圖層上雙按滑鼠左鍵，開啟「新增圖層」對話視窗，設定「名稱」❷，按下「確定」鈕，就會轉換成一般圖層❸，鎖頭圖示也會消失。

另外，雖然執行的機會不多，但是如果要將一般圖層轉換成「背景」圖層，請在「圖層」面板中，執行「圖層→新增→背景圖層」命令。

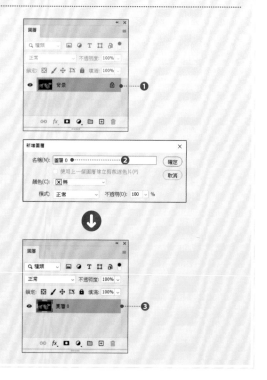

使用「圖層構圖」比較設計提案

圖層構圖的功能是記錄「圖層」面板中各圖層的狀態。使用「圖層構圖」面板,可以在一個 Photoshop 檔案建立、管理、顯示多個設計提案(構圖)。此外,圖層構圖會儲存在檔案內,隨時都可以切換。在圖層構圖中,可以記錄以下三種選項。

▸ **顯示、隱藏「圖層」面板中的圖層**
▸ **文件內的圖層位置**
▸ **套用圖層樣式(p.142)或混合模式(p.146)的圖層外觀**

01 這裡建立了兩種圖層構圖。操作「圖層」面板,製作出 A 方案的圖層狀態❶,按下「圖層構圖」面板下方的「建立新增圖層構圖」鈕❷。假如畫面上沒有顯示「圖層構圖」面板,請執行「視窗→圖層構圖」命令,開啟面板。

A 案

02 開啟「新增圖層構圖」對話視窗,輸入「名稱」❸,按下「確定」鈕,就會在「圖層構圖」面板中,把 Step1 設定的狀態影像儲存成圖層構圖❹。

B 案

03 按照相同步驟儲存 B 方案❺。這次把改變花朵顏色的設計當作 B 方案❻。

04 在「圖層構圖」面板中,按一下圖層構圖名稱左邊的圖層構圖標誌❼,就可以輕鬆切換設計方案,進行比較。

建立圖層構圖之後,若更改了設計,只要按下「更新圖層構圖」鈕,就能更新圖層構圖。

5-3 影像合成的基本步驟

這個單元要解說影像合成的基本步驟，包括（1）建立選取範圍（p.76），（2）利用拷貝＆貼上組合多張影像。請一邊留意「圖層」面板中的圖層結構，一邊閱讀以下內容。

合成影像內的所有範圍

這裡要介紹選取右圖影像 A 的所有範圍，拷貝之後，貼至影像 B 的方法。請開啟 Photoshop，執行以下步驟。

01 先切換至影像 A，執行「選取→全部」命令 ❶，接著執行「編輯→拷貝」命令 ❷，這樣就完成拷貝整個影像 A 的工作了。

02 接著切換到影像 B，執行「編輯→貼上」命令 ❸。

03 如此一來，剛才拷貝的影像 A 就會貼至影像 B 的上面。
檢視「圖層」面板就能瞭解在影像 B 的背景圖層（p.113）上，新增了屬於一般圖層的影像 A（p.113）❹。由於影像 B 被影像 A 遮住，因而看不見。

04 貼上的圖層名稱會命名為「圖層（編號）」。在圖層名稱上雙按滑鼠左鍵，進入編輯模式，可以更改成比較容易辨識的名稱 ❺。

> 這裡只說明基本的拷貝＆貼上步驟，與後面要說明的「圖層遮色片」（p.132）及「向量圖遮色片」（p.138）等功能組合之後，可以完成更精細的影像合成。

（A）拷貝的影像

（B）目標影像

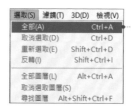 

◎ 合成影像內的特定範圍

這次要說明選取影像內的特定範圍，拷貝之後貼至其他影像，合成影像內特定範圍的方法。請使用 Photoshop 分別開啟兩張影像再執行以下步驟。

（A）拷貝的影像

01 切換至要拷貝的影像 A，在需要拷貝的部分建立選取範圍❶，執行「編輯→拷貝」命令。

02 接著切換至影像 B，執行「編輯→貼上」命令。

這樣剛才拷貝的影像 A 選取範圍就會貼在影像 B 的上面❷。

檢視「圖層」面板，可以瞭解在影像 B 的背景圖層（p.113）上，新增了屬於一般圖層（p.113）的影像 A 選取範圍內影像❸。

（B）目標影像

> 拷貝後的影像會以拷貝來源的原始尺寸（100%）貼至目標影像的中心。

03 更改貼上影像的圖層名稱❹，調整影像大小及位置（p.118），就能合成如圖右的影像❺。

實用的延伸知識！ ▶ **在意貼上影像的邊緣，就使用「修飾外緣」**

如上所示，將部分影像貼至其他影像時，貼上影像的周圍會殘留部分像素（含有多餘色調的外緣）❶。如果要刪除外緣，請選取包含了貼上影像的圖層，執行「圖層→修邊→修飾外緣」命令，開啟「修飾外緣」對話視窗，設定像素寬度❷。即使只設定成 1 像素，也有不錯的效果❸，假如仍會殘留多餘的色調，請調整成較大的數值。

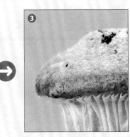

Lesson 5-4 填滿圖層的基本概念

填滿圖層是指填滿影像用的圖層,包含「純色」、「漸層」、「圖樣」等三種。填滿圖層可以當作影像合成的背景。

🌀 「色彩填色」填滿圖層

「純色」是以任何單一顏色填滿整個畫面(或選取範圍)的圖層。執行以下步驟,可以建立「色彩填色」圖層。

01 按下「圖層」面板下方的「建立新填色或調整圖層」鈕,選擇「純色」❶。

02 開啟「檢色器(純色)」對話視窗,按一下顏色區域❷,或利用數值設定顏色❸。設定之後會成為「新的」顏色❹。完成顏色設定後,按下「確定」鈕。

> 📎 關於檢色器的用法請參考 p.153。

03 在「圖層」面板建立「色彩填色」填滿圖層❺。假如要改變顏色,請在左邊縮圖上雙按滑鼠左鍵❻。

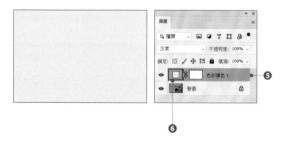

實用的延伸知識! ▶ 執行「編輯→填滿」命令

建立填滿圖層後,會自動建立圖層遮色片(p.132)。先建立選取範圍,再新增填滿圖層,選取範圍就會設定成圖層遮色片,單獨填滿選取範圍。

「漸層填色」圖層

「漸層」是利用任意漸層填滿整個畫面（或選取範圍）的圖層。執行以下步驟，可以建立「漸層填色」圖層。

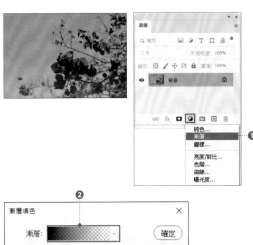

01 按下「圖層」面板下方的「建立新填色或調整圖層」鈕，選擇「漸層」**①**。

02 開啟「漸層填色」對話視窗，按一下漸層方塊**②**，開啟「漸層編輯器」對話視窗。

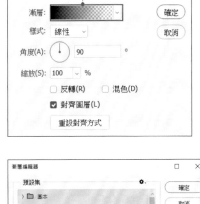

03 設定漸層**③**，完成之後，按下「確定」鈕**④**，關閉對話視窗。

關於漸層編輯器的用法請參考 **p.162** 的說明。

04 回到「漸層填色」對話視窗。確認在「漸層」中，設定了剛才選擇的漸層效果**⑤**。
設定「樣式」、「角度」、「縮放」等各個項目**⑥**，按下「確定」鈕**⑦**。

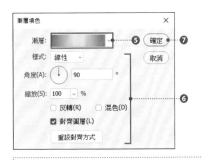

關於各設定項目請參考下一頁的表格說明。

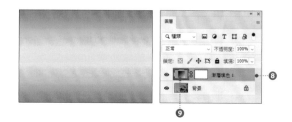

05 在「圖層」面板中，建立「漸層填色」圖層 ❽。如果要調整漸層，請在左邊縮圖上雙按滑鼠左鍵 ❾。

● 「漸層填色」對話視窗的設定項目

項目	說明
樣式	設定漸層的種類。選擇「放射性」或「菱形」，可以套用從中央往外的漸層效果。
角度	設定漸層的角度。更改角度，可以設定傾斜的漸層效果。
縮放	設定漸層的大小。
反轉	勾選之後，能切換漸層的方向。例如：白→黑的漸層會變成黑→白的漸層。
混色	勾選之後，能減少漸層的不均勻現象。
對齊圖層	計算圖層填滿的套用範圍來建立漸層。在影像上拖曳，也可以移動漸層的位置。
重設對齊方式	讓移動後的漸層位置恢復預設狀態。

「圖樣填滿」圖層

「圖樣」是將任意圖樣填滿整個畫面（或選取範圍）的圖層。執行以下步驟可以建立「圖樣填滿」圖層。

01 按下「圖層」面板下方的「建立新填色或調整圖層」鈕，選擇「圖樣」❶。

02 開啟「圖樣填滿」對話視窗，按一下圖樣揀選器 ❷，選擇要使用哪種圖樣填滿 ❸。

關於圖樣揀選器的用法請參考 p.164。

按一下面板選單，可以新增其他圖樣或刪除現有圖樣。

● 「圖樣填滿」對話視窗的設定項目

項目	說明
縮放	設定圖樣的大小。
連結圖層	勾選之後，移動圖層時，也會一併移動圖樣。在影像上拖曳，可以移動圖樣的位置。
靠齊原點	讓移動後的圖樣位置恢復成預設狀態。

| 03 | 在「圖層」面板建立「圖樣填滿」圖層❹。如果要調整圖層，請在左邊縮圖上雙按滑鼠左鍵❺。 |

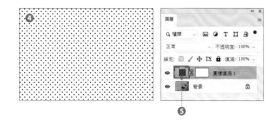

Lesson 5　圖層的基本操作

實用的延伸知識！ ▶ **組合填滿圖層與混合模式**

調整填滿圖層的混合模式（**p.146**）❶，可以輕易改變風格。以下範例全都選擇了「混合模式：覆蓋」。

實用的延伸知識！ ▶ **利用「填滿」對話視窗填滿畫面**

基本上，本書在填滿影像時，使用的是容易修改的「填滿圖層」，但是 Photoshop 也提供了使用「填滿」對話視窗的方法。

| 01 | 執行「編輯→填滿」命令，開啟「填滿」對話視窗，利用「內容」設定填滿方法❶。 |

| 02 | 這樣就能按照設定的方法來填滿畫面。這個範例選擇了填滿粉紅色❷。 |

這種方法可以設定成「前景色」或「背景色」。此外，還可以設定「黑色」或「白色」等特別色，但是無法設定成漸層色，也沒辦法和填滿圖層一樣輕易重新編輯。

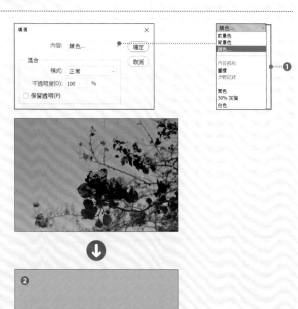

5-5 運用智慧型物件

把圖層轉換成智慧型物件，可以在不影響原始資料的狀態下，變形影像或套用濾鏡。因此，以下要介紹智慧型物件的運用方法。

🌀 何謂智慧型物件

智慧型物件是指保留所有資料特性與原始影像資料的特殊圖層。把圖層轉換成智慧型物件的優缺點，如右圖所示。

本書是在瞭解這些優缺點之後，於變形圖層或對圖層套用濾鏡時，把圖層轉換成智慧型物件，再開始進行操作。

🌀 轉換成智慧型物件

右圖是由兩個圖層構成的，包括當作背景的鬆餅影像以及上層的草莓影像，我們要把這個影像中的草莓圖層轉換成智慧型物件。

執行以下步驟，可以將圖層轉換成智慧型物件。

01 在「圖層」面板選取目標圖層❶，執行「圖層→智慧型物件→轉換為智慧型物件」命令❷。

02 圖層就會變成智慧型物件。檢視圖層縮圖，可以看到代表智慧型物件的圖示❸。

優點

- 可以在不破壞原始資料下套用變形效果。
- 可以在不破壞原始資料下套用濾鏡（p.182）。
- 可以保留Illustrator的向量資料（p.215）。
- 編輯一個智慧型物件後，其他的拷貝物件都會自動更新。

缺點

- 智慧型物件無法直接執行編輯處理（例如：使用「筆刷工具」進行編輯等）※。

※ 換成一般圖層（點陣化：**p.129**）就可以進行處理。

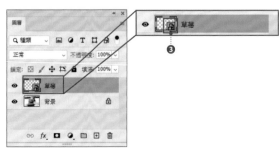

🔄 變形智慧型物件

前面說明過，轉換成智慧型物件後，可以在不破壞原本資料的情況下變形影像。讓我們實際來確認這件事，變形方法和一般圖層一樣。

01 選取「圖層」面板中的智慧型物件，執行「編輯→任意變形」命令❶。

02 影像周圍會顯示變形控制項，按住 shift 鍵不放，拖曳邊角控制點變形影像❷。

03 選項列會顯示變形比例❸，按下○鈕，確認變形❹。到此為止的步驟與一般圖層相同。

04 由於要再次調整大小，所以和Step1一樣執行任意變形❺，這樣就可以在選項列維持之前的變形比例，再開始操作❻。

針對智慧型物件套用變形效果，可以保留原始資料（100％），例如「W」與「H」設定100％，能讓影像恢復成變形前的狀態。此外，在原始資料（100％）範圍內放大影像也不會破壞原本的影像。請確認對一般圖層套用變形並再次編輯時，兩者的差異❼。

> 🖊 在「移動工具」的選項列中，按下「在選取的圖層上顯示變形控制項」再變形，也能獲得相同結果。

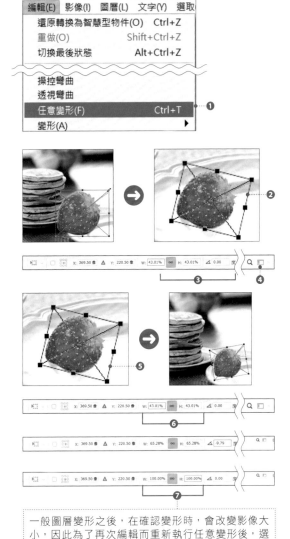

一般圖層變形之後，在確認變形時，會改變影像大小，因此為了再次編輯而重新執行任意變形後，選項列的值變成「100％」。所以無法使用原始資料。

實用的延伸知識！ ▶ **點陣化智慧型物件**

智慧型物件無法使用「筆刷工具」直接編輯影像。當你想要編輯時，就會出現提示要進行點陣化的對話視窗。點陣化就是「像素化」（變成一般圖層）。請依照需求，按下「確定」鈕，進行點陣化。另外，執行「圖層→智慧型物件→點陣化」命令，也可以將智慧型物件點陣化。

🔵 取代智慧型物件

把圖層轉換成智慧型物件後，可以統一取代目標物件。只要記住這個步驟，遇到多個提案設計時，即可有效率地完成取代。尤其在一個檔案中，有多個智慧型物件時，就很方便，如右邊的參考範例所示。

01 在「圖層」面板中，選取一個智慧型物件❶，執行「圖層→智慧型物件→取代內容」命令❷。

02 開啟「取代檔案」對話視窗，選取要取代的檔案❸，按下「置入」鈕❹。

03 不論原始物件或拷貝物件，全都會自動更新成取代後的物件❺。在「圖層」面板中的圖層名稱也會變成取代的檔案名稱❻。

> 📎 物件的位置與置入比例會維持取代前的狀態，取代之後，請根據實際狀況來調整比例。

實用的延伸知識！ ▶ **以智慧型物件開啟或置入影像**

執行「檔案→開啟為智慧型物件」命令，開啟檔案時，就會自動轉換成智慧型物件❶。假如要在目前的檔案中新增影像，執行「檔案→置入嵌入的物件」命令，或執行「檔案→置入連結的智慧型物件」命令，就會自動將影像轉換成智慧型物件❷。

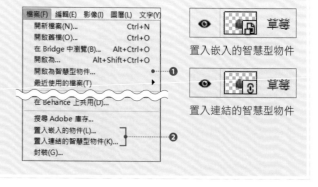

置入嵌入的智慧型物件

置入連結的智慧型物件

5-6 圖層的不透明度

設定「圖層」面板中的「不透明度」，可以調整各個圖層的透明度。這項功能也可以套用在調整圖層上。

調整不透明度

Photoshop 將圖層的透明程度稱作「不透明度」，每個圖層可以設定 0～100% 的不透明度。設定成 0%，就會變成完全透明而看不見。右圖是在背景影像上置入「曲線」調整圖層及隱藏的色彩填滿圖層。以下要說明更改調整圖層及色彩填滿圖層的不透明度操作步驟。

01 在「圖層」面板選取「曲線」調整圖層❶，調整「不透明度」❷，設定「不透明度：50%」，就能減弱曲線的套用效果，如右圖所示❸。

02 接著顯示並選取色彩填色圖層❹❺，設定「不透明度：50%」❻，色彩填滿圖層就會變成半透明，可以透視背景影像❼。

如同上面的說明「圖層」面板的「不透明度」不僅能調整影像圖層的不透明度，還可以更改調整圖層的套用效果。假如想微調調整效果，除了更改調整的設定值，降低「不透明度」也是一種簡單的方法，請記住這一點。

利用「不透明度」更改調整圖層，只限於「想微調效果」時，詳細設定請在各調整圖層的「內容」面板中進行。

這是色彩填色圖層與調整圖層皆設定成「不透明度：50%」的範例

5-7 編輯圖層遮色片①

使用圖層遮色片可以顯示或隱藏部分影像。由於遮色片能利用灰階設定透明度，因而能進行細節調整。

🔵 使用圖層遮色片合成影像

使用圖層遮色片可以顯示或隱藏圖層的其中一部分。圖層遮色片是指利用灰階編輯遮色片區域（隱藏區域）的功能。遮色片的白色部分為 100% 顯示，黑色部分為隱藏（被遮住）。此外，50% 灰階是以不透明度：50% 的狀態顯示。

這裡使用右邊兩張影像來說明圖層遮色片的用法。檢視「圖層」面板，可以確認海灘為背景，上面置入了雞尾酒影像。

---

01 選取「cocktail」圖層❶，按一下「圖層」面板下方的「增加圖層遮色片」鈕❷，就會新增代表圖層遮色片的縮圖❸。

02 新增時，遮色片區域變成白色，亦即圖層內容為全部顯示的狀態，外觀看起來沒有變化。選取工具列中的「漸層工具」 ■ ❹，按一下選項列的向下箭頭❺，選取「黑、白」❻。

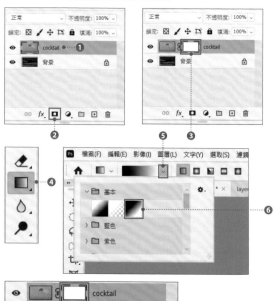

03 確認在「圖層」面板中，選取了圖層遮色片❼（圖層遮色片的周圍顯示了外框的狀態），從影像左邊往右拖曳❽，就能用設定的漸層填滿圖層遮色片。

04 在影像套用圖層遮色片後，結果如右圖所示❾。這次漸層的起點是黑色，終點是白色，所以左邊的不透明度為0%，右邊是100%，中間是50%灰階。換句話說，變成從完全透明狀態逐漸顯示出影像。

05 檢視「圖層」面板中的圖層遮色片縮圖，就能瞭解已經按照剛才的設定，顯示出黑到白的漸層❿。

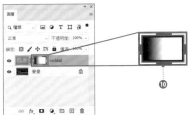

06 按住 Alt（option）鍵不放，再按一下圖層遮色片的縮圖，畫面上就會顯示圖層遮色片⓫，這樣就能詳細確認圖層遮色片的狀態。確認之後，再次按住 Alt（option）鍵不放，並按一下圖層遮色片的縮圖，即可恢復原狀。

🌀 重置或刪除圖層遮色片

利用圖層遮色片進行影像合成時，並非真的刪除了部分影像，只是利用遮色片隱藏起來而已。因此編輯圖層遮色片，就可以反覆修改。

如果要讓影像恢復成原始狀態（完全看見的狀態），在選取圖層遮色片的狀態下，執行「編輯→填滿」命令，開啟「填滿」對話視窗，設定「內容：白色」❶，按下「確定」鈕❷，就能用白色填滿圖層遮色片，恢復成預設狀態❸。

> 如果要刪除圖層遮色片，可以將圖層遮色片縮圖拖曳至「圖層」面板下方的「刪除圖層」鈕後放開，或者在縮圖上按下滑鼠右鍵，執行「刪除圖層遮色片」命令。

> 按住 shift 鍵不放，再按一下圖層遮色片的縮圖，可以暫時關閉圖層遮色片❹。再次按住 shift 鍵不放，然後按一下縮圖，即可恢復原狀。

Lesson 5-8　編輯圖層遮色片②

圖層遮色片是使用灰階影像管理遮色片區域，可以利用 Photoshop 提供的各種繪圖類工具進行編輯。因此以下要介紹利用「筆刷工具」編輯調整圖層的方法。

🎨 各種遮色片區域的編輯方法

上面説明過，圖層遮色片的遮色片區域是利用灰階來編輯。因此，圖層遮色片不僅能使用前面介紹過的「漸層工具」，也可以利用各種繪圖類工具或命令來編輯。上一頁介紹了利用「填滿」命令編輯（重置）圖層遮色片的方法。

在 Photoshop 中，可以繪製最細緻色彩的工具是「筆刷工具」。「筆刷工具」能詳細設定筆刷的「尺寸」與「硬度」（圖1）。另外，筆刷也可以設定不透明度（p.156）。以下要利用「筆刷工具」編輯調整圖層的圖層遮色片。

圖1 Photoshop 可以詳細設定筆刷的筆尖形狀、尺寸、硬度等。

🎨 調整圖層的圖層遮色片

一般圖層在預設狀態下並未設定圖層遮色片，所以必須按照前面説明過的步驟，新增圖層遮色片（p.132）。

然而，調整圖層或填滿圖層一開始就設定了圖層遮色片，所以不用另外新增。

調整圖層的圖層遮色片，其編輯方法與一般圖層相同，卻無法和一般圖層一樣顯示或隱藏部分圖層。調整圖層的圖層遮色片是用來設定套用色調調整的範圍與程度。使用黑色填滿圖層遮色片後，該部分就不會套用色調調整。

右圖是在整個影像套用「亮度／對比」調整圖層❶，在遮色片區域的左邊開始設定黑、50% 灰階、白等三個部分❷。檢視影像即可瞭解，調整圖層的套用程度變成階段性的效果。

套用程度：0%（黑）　套用程度：50%（50% 灰階）　套用程度：100%（白）

使用「筆刷工具」 ✏. 編輯遮色片

執行以下步驟可以使用「筆刷工具」 ✏. 編輯遮色片區域。

01 開啟影像，新增「黑白」調整圖層 ❶。

02 在整個影像套用「黑白」調整圖層 ❷，影像變成黑白❸。

03 選取工具列中的「筆刷工具」 ✏.❹，設定「前景色：黑色」❺。另外，在選項列設定「模式：正常」、「不透明：100%」、「流量：100%」❻，請配合影像調整筆刷尺寸❼。

04 確認已經選取了圖層遮色片的縮圖 ❽，在影像上拖曳。用黑色填滿的部分變成沒有套用色調調整的區域。由於只有用黑色填滿的部分不會套用調整圖層，因而顯示出原始影像的顏色❾。

如果要再次套用色調調整，可以用「前景色：白色」填滿。如此一來，圖層遮色片區域就可以反覆調整。

編輯圖層遮色片時，可以運用以下快速鍵。
D：讓前景色與背景色恢復預設狀態（前景色為黑色）
X：切換前景色與背景色（切換黑色↔白色）

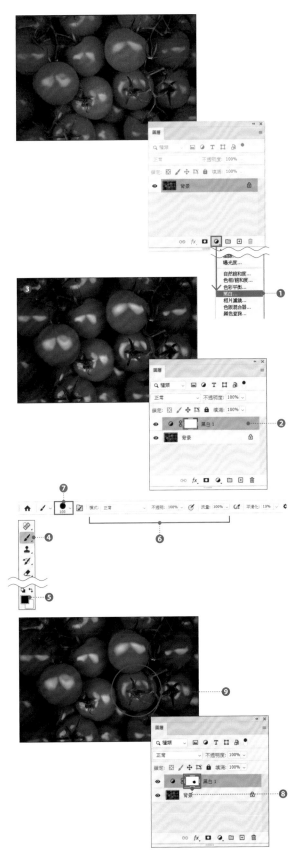

5-9 在選取範圍內貼上影像

建立選取範圍，再貼上其他影像時，就會自動建立選取範圍形狀的圖層遮色片。這個功能非常方便，請先記下來。

利用「選擇性貼上」

使用「選擇性貼上」功能，可以在建立的選取範圍內，貼上任意影像。貼上的影像會設定選取範圍形狀的圖層遮色片（p.132）。接下來，讓我們實際合成右邊兩張影像（不同檔案）。

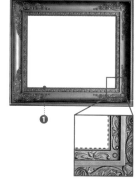

01 使用「矩形選取畫面工具」⬚，沿著畫框影像的內側建立選取範圍❶（p.78）。

02 開啟風景影像，執行「選取→全部」命令❷，接著執行「編輯→拷貝」命令❸，拷貝整個影像。

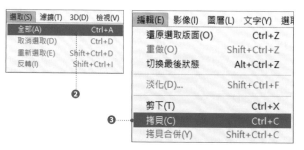

03 切換成畫框影像，再執行「編輯→選擇性貼上→貼至範圍內」命令❹，貼上 Step2 拷貝的風景影像。

04 剛才拷貝的風景影像會貼至選取範圍內❺。檢視「圖層」面板，可以看到貼上了增加圖層遮色片的風景影像❻。

🌀 調整合成影像

執行以下步驟，可以調整、更改合成影像的尺寸及位置。

01 確認在「圖層」面板中選取了圖層縮圖（顯示外框）❶，選取工具列的「移動工具」 ✛.❷，按下選項列的「在選取的圖層上顯示變形控制項」❸。

02 在影像上拖曳，可以調整位置。此外，操作變形控制項能調整影像大小❹。

🌀 連結圖層與遮色片

按一下圖層縮圖（左）與圖層遮色片縮圖（右）之間❶，可以連結兩者。連結之後，就會顯示鎖鏈圖示❷。

解除連結後，可以個別移動嵌入影像與遮色片區域❸。連結之後則會固定住嵌入影像與遮色片區域，能同時移動兩者❹。

通常建立圖層遮色片時，兩者都會連結在一起，可是執行「貼至範圍內」命令所建立的圖層遮色片，是以調整貼上影像為前提，所以沒有連結兩者。請根據實際狀況，利用這種連結功能。

沒有連結：可以分別移動嵌入影像與圖層遮色片（遮色片區域固定，影像在其中移動）

建立連結：嵌入影像與圖層遮色片會同時移動

> **實用的延伸知識！** ▶ **利用「內容」面板編輯遮色片**

在「圖層」面板選取圖層遮色片縮圖（顯示外框狀態）❶，利用「內容」面板的「遮色片」❷，可以調整遮色片的濃度、羽化、調整等❸。

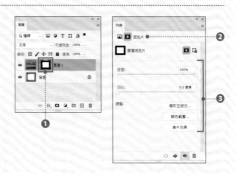

Lesson 5-10 向量圖遮色片的用法

使用向量圖遮色片，能利用「筆型工具」繪製的路徑建立遮色片。向量遮色片與圖層遮色片的設定方法不同，請特別注意。

使用向量圖遮色片合成影像

向量圖遮色片是指把「筆型工具」 或「形狀工具」 繪製的路徑設定成遮色片區域的遮色片。向量圖遮色片會顯示路徑內的影像，隱藏路徑外的部分。請試著利用向量圖遮色片合成右邊的兩張影像。長頸鹿影像在上層，以色彩填色圖層當作背景。請利用右圖先確認圖層結構。

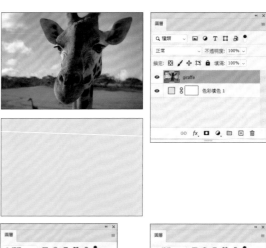

01 選取「圖層」面板的「giraffe」圖層❶，按住 Ctrl（⌘）鍵不放，同時按下「圖層」面板下方的「增加向量圖遮色片」鈕❷，新增向量圖遮色片❸。完成之後，遮色片區域變成白色。

雖然外觀看起來和圖層遮色片（p.132）一樣，但是這次建立的是向量圖遮色片。檢視「內容」面板就可以確認這一點。另外，請特別注意，不按住 Ctrl（⌘）鍵，直接按下「增加向量圖遮色片」鈕，會建立圖層遮色片。

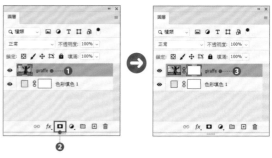

02 編輯向量圖遮色片區域。選取工具列的「橢圓工具」 ❹，於選項列設定「路徑」❺。

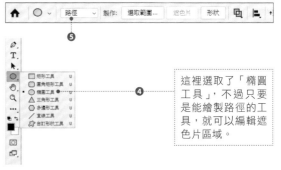

這裡選擇了「橢圓工具」，不過只要是能繪製路徑的工具，就可以編輯遮色片區域。

03 確認在「圖層」面板選取了向量圖遮色片（顯示外框），然後在影像上拖曳繪製路徑❻。按住 shift 鍵不放再拖曳，可以畫出正圓形。如此一來，繪製的路徑變成遮色片，路徑之外的部分被隱藏起來。

04 在「圖層」面板檢視向量圖遮色片
的縮圖，可以確認顯示內容出現了
變化❼。在「路徑」面板中，增加
了「giraffe（圖層名稱）向量圖遮色
片」❽。

編輯向量圖遮色片

建立向量圖遮色片後，可以移動或改變形
狀。

01 使用「路徑選取工具」➤．能移動剛
才繪製的路徑❶。移動路徑之後，
顯示的範圍就會產生變化，使得路
徑內的影像變得不一樣❷。

02 如果要調整路徑形狀，在選取路徑
的狀態下，執行「編輯→任意變形
路徑」命令，路徑周圍會顯示變形
控制項，操作邊角控制點變形路徑
❸，按下選項列的 ✓ 鈕，就可以確
定變形❹。

03 如果要同時移動路徑與其中的影
像，請選取「移動工具」✛．❺再拖
曳❻

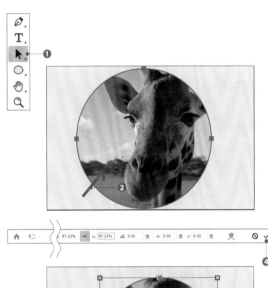

🖊
按住 shift 鍵不放，並按一下向量圖遮色片縮
圖❼，可以暫時關閉遮色片的編輯效果。再
次按住 shift 鍵不放，然後按一下縮圖❽，就
能恢復原狀。

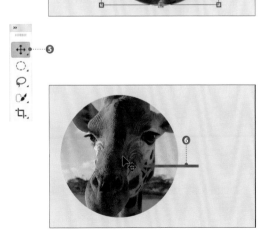

5-11 剪裁遮色片的用法

使用剪裁遮色片，就能用簡單的步驟建立遮色片。不用事先建立選取範圍或路徑，也可以套用在調整圖層中。

🔵 使用剪裁遮色片合成影像

剪裁遮色片是指將圖層內容套用在下方圖層的功能或路徑。只要用一個命令就能執行，不用先建立選取範圍或路徑，輕而易舉就能運用。

這次要利用剪裁遮色片合成右邊的兩張影像。把天空影像置於上層，將「SKY」文字圖層放在下層。另外，在最下層置入白色的色彩填色圖層（p.124）。請檢視右圖，確認圖層結構。

01 在「圖層」面板中，選取天空影像❶，執行「圖層→建立剪裁遮色片」命令❷。

02 如此一來，天空影像（上面的圖層）只會套用在文字（下面的圖層）上，如右圖所示❸。此外，圖層左邊顯示了代表剪裁遮色片的向下箭頭❹（下方圖層的圖層名稱會加上底線）。

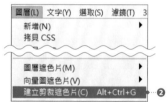

03 剪裁遮色片的功能是根據下面的圖層資料，自動設定遮色片區域，所以只要更改文字圖層中的文字（p.197），就可以進行調整，如右圖所示❺，不用重新建立選取範圍或路徑。

🌀 解除剪裁遮色片

在「圖層」面板選取上面的影像圖層，執行「圖層→解除剪裁遮色片」命令❶，可以解除剪裁遮色片。

🌀 調整圖層的剪裁遮色片

調整圖層也可以設定剪裁遮色片。

一般調整圖層的效果會套用在調整圖層下方的所有圖層❶。但是建立了剪裁遮色片之後❷，只會套用在緊接在後的圖層上，因此調整圖層有沒有建立剪裁遮色片，可能對影像的完成結果帶來很大的變化。

剪裁遮色片的設定方法和影像圖層相同，請實際執行看看。

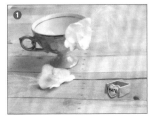

沒有剪裁遮色片：「色相 / 飽和度」調整圖層的效果套用在下面所有圖層。

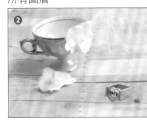

有剪裁遮色片：套用剪裁遮色片之後，調整圖層的效果只限於緊接在下方的圖層上。

請按住 Alt（option）鍵不放，再按一下調整圖層與下方圖層的邊緣附近❸，也可以切換建立、解除剪裁遮色片。

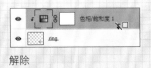

解除　　　　　　　　　　　建立

實用的延伸知識！　▶ **使用填滿圖層建立剪裁遮色片**

剪裁遮色片也可以套用在填滿圖層上，運用這個功能，可以輕鬆製作複雜的漸層文字（p.125）或圖樣文字（p.126）。

5-12 圖層樣式的用法

使用圖層樣式功能,可以利用簡單的操作步驟,套用各種特殊效果。由於套用效果的設定內容可以保留下來,所以之後也能進一步編輯設定。

🔵 圖層效果與圖層樣式

圖層效果是指在圖層(或圖層群組)套用特殊效果。另外,整合多種圖層效果的功能稱作圖層樣式。

使用圖層樣式,只要透過簡單的操作步驟,就能製作出發光文字,如右圖所示,❶。圖層樣式的設定內容會當作圖層屬性保留在「圖層」面板中,因此套用後仍可以編輯設定❷。

🔵 圖層效果的種類與儲存方法

Photoshop 提供了 10 種圖層效果(請參考下表)。這些圖層效果可以在後面說明的「圖層樣式」對話視窗中進行詳細設定,而且一張影像能套用多種效果。

圖層樣式建立之後,按下「樣式」面板下方的「建立新增樣式」鈕❶,設定「名稱」❷,就能儲存在面板中❸。先儲存成樣式,之後只要一個步驟,就可以在其他圖層套用圖層樣式,十分方便。後面會再進一步說明具體的儲存方法。

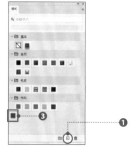

● 10 種圖層效果

名稱	說明
陰影	在後面加上陰影。
斜角和浮雕	營造立體感。
筆畫	加上邊緣。
內陰影	在邊緣內側加上陰影,看起來像往內凹陷。
內光暈	在邊緣內側加上發出光芒般的效果。
外光暈	在邊緣外側加上發出光芒般的效果。
緞面	配合形狀加上陰影(光澤效果)。
顏色覆蓋	填滿色彩。
漸層覆蓋	填滿漸層。

● 製作文字特效

以下要利用圖層樣式製作文字特效。

01 選取工具列的「水平文字工具」 T. ❶，在選項列設定文字大小「200pt」❷，輸入文字，建立文字圖層，如右圖所示❸。

關於「水平文字工具」的用法及文字圖層的說明請參考 **p.196**。另外，選取的字型會影響呈現出來的外觀，請適當調整設定值。

02 在「圖層」面板選取剛才建立的文字圖層❹，按下面板下方的「增加圖層樣式」鈕，選擇「陰影」❺。

提供 10 種圖層效果

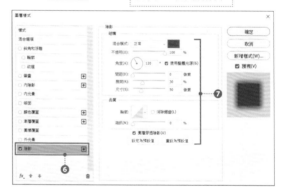

03 在選取「陰影」圖層效果的狀態❻，開啟「圖層樣式」對話視窗。畫面中央顯示的詳細設定如右圖所示❼。

請試著調整陰影顏色（這裡是紅色）、間距（文字與陰影的距離）、展開（陰影的大小）、尺寸（陰影的模糊程度）等。

04 選取「外光暈」圖層效果（除了勾選之外，還要呈現深灰色狀態）❽，中央顯示的詳細設定如右圖所示❾。

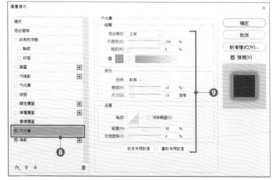

請試著調整光暈的顏色（這裡是指橘色）、展開（光暈的大小）、尺寸（光暈的模糊程度）。

05 執行到目前為止的結果如右圖所示❿。

只套用陰影

陰影＋外光暈

06 接著選取「內光暈」圖層效果（除了勾選之外，還要呈現深灰色狀態）⑪，中央顯示的詳細設定如右圖所示⑫。
這樣就能同時設定三種圖層效果，結果如右圖所示⑬。

07 儲存完成的圖層樣式，按下「圖層樣式」對話視窗右上方的「新增樣式」鈕⑭。

08 開啟「新增樣式」對話視窗，輸入「名稱」⑮，按下「確定」鈕。

09 在「樣式」面板儲存圖層樣式（整合三種圖層效果）⑯。完成之後，按下「圖層樣式」對話視窗的「確定」鈕，關閉對話視窗。檢視「圖層」樣式，可以看到保留了套用三種圖層效果的資料⑰。只要在各個圖層效果名稱上雙按滑鼠左鍵，就可以編輯設定內容。

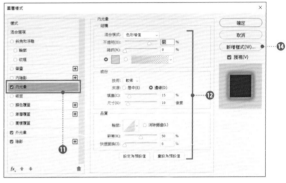

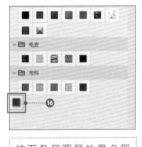

> 按下各個圖層效果名稱左邊的眼睛圖示，可以暫時關閉該效果。

實用的延伸知識！ ▶ **點陣化圖層樣式**

這裡介紹的文字特效只對文字圖層套用圖層樣式，比較簡單，也可以輕鬆修改文字內容。

如果要進行更複雜的編修工作，有時必須將圖層樣式點陣化。執行「圖層→點陣化→圖層樣式」命令，可以將圖層點陣化。請特別注意，經過點陣化之後，會變成一般的影像圖層，無法編輯文字或已經套用的圖層樣式。

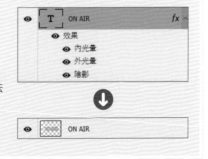

圖層樣式的相關項目

❖「圖層」面板的「不透明度」與「填滿」

「圖層」面板提供了「不透明度」與「填滿」等兩種可以調整透明感的功能。

「不透明度」是可以調整包含圖層樣式在內，整個圖層內容不透明度的功能❶。

相對來說，「填滿」是不會影響圖層樣式不透明度的功能❷。想要調整圖層的不透明度，卻不希望改變圖層樣式時，就可以利用「填滿」來調整。從這點可以瞭解，「填滿」是處理圖層樣式時的重要設定。

更改「圖層」面板的「不透明度」後，圖層上所有元素的不透明度都會出現變化（左圖）。然而，使用「填滿」不會改變圖層樣式，可以單獨強調圖層樣式的效果（右圖）。

❖ 縮放效果

在「圖層樣式」對話視窗中，編輯各圖層效果的設定值可以調整效果，但是使用「縮放圖層效果」對話視窗，能直覺調整圖層樣式的套用程度。

在「圖層」面板的效果上，按下滑鼠右鍵（control＋按一下），執行「縮放效果」命令❶。

開啟「縮放圖層效果」對話視窗，設定「縮放」❷，按下「確定」鈕，就能調整套用的效果❸。

❖ 分離圖層樣式

圖層樣式是套用在圖層上的特殊效果，套用之後，會當作圖層屬性保留下來。因此，對圖層進行操作時，通常圖層樣式也會受到影響。想要個別變形圖層效果或套用濾鏡時，就得分離圖層樣式。

在「圖層」面板的效果上，按下滑鼠右鍵（control＋按一下），執行「建立圖層」命令❶。這樣可以把圖層與圖層樣式全部獨立出來❷。分離之後，無法編輯圖層樣式，所以如果需要再編輯，請先拷貝圖層。

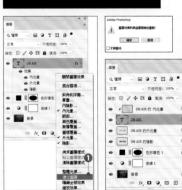

5-13 瞭解混合模式

「混合模式」與眾多圖層有關，但是對於初學者而言，並不容易瞭解。以下將簡單說明基本功能，請先大致掌握整體概念。

混合模式

混合模式是指重疊多個圖層時，控制該圖層如何重疊（合成）的功能。

在「圖層」面板左上方的下拉式選單中，可以選擇圖層的混合模式❶。

Photoshop 提供了共 27 種混合模式，大致可以分成 6 個種類。

混合模式的基本概念

更改混合模式，可以讓整個影像的顏色產生極大的變化。更改後的顏色（結果色）會變成什麼色，是由上下圖層的顏色而定。

如果要徹底瞭解混合模式，必須先瞭解以下四種色彩概念。

混合模式除了「圖層」面板，還可以利用部分工具的選項列、命令設定對話視窗等來調整❷❸。

● 與混合模式有關的四種顏色

種類	說明
合成色	改變混合模式的圖層（上面圖層）顏色。
基本色	下面圖層的顏色。
結果色	當作合成結果顯示的顏色。
中性色	更改混合模式時，不會影響下面圖層的顏色（被忽略的顏色）。中性色會隨著混合模式的種類而異（請參考下表）。

● 混合模式的中性色

中性色	混合模式
無	正常、溶解、色相、飽和度、顏色、明度、實色疊印混合。
白色	變暗、色彩增值、加深顏色、線性加深、顏色變暗、分割。
黑色	變亮、濾色、加亮顏色、線性加亮（增加）、顏色變亮、差異化、排除、減去。
50% 灰階	覆蓋、柔光、實光、強烈光源、線性光源、小光源。

※ 中性色為「無」的混合模式無法使用「新增圖層」對話視窗中的「以中間調顏色填滿」選項。

☑ 混合模式清單

以下列出 Photoshop 提供的混合模式概要與合成結果。請搭配圖層結構,確認結果色(合成結果的影像)。

合成色(上面圖層)

（右側：基本色（下面圖層））

正常:預設值。「合成色」不會受到「基本色」的影響,直接重疊(沒有合成)。「中性色:無」。

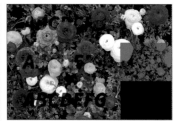

溶解:影像的消除鋸齒部分加上溶解效果。像素的變化和「正常」一樣。「中性色:無」。

變暗:「基本色」與「合成色」之間,把較暗的顏色當作「結果色」顯示。「中性色:白色」。

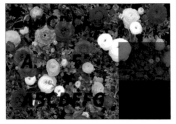

色彩增值:「基本色」與「合成色」重疊變暗。想與「基本色」融合時,使用這種混合模式,就很方便。「中性色:白色」。

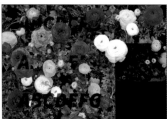

加深顏色:讓「基本色」變暗,加強對比,反映出「合成色」。想與「基本色」融合時,可以使用這種混合模式。「中性色:白色」。

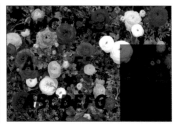

線性加深:讓「基本色」變暗,降低明亮度,反映出「合成色」。「中性色:白色」。

顏色變暗:統計「基本色」與「合成色」的全部色版值,再做比較,數值較低的顏色當作「結果色」顯示。「中性色:白色」。

變亮:「基本色」與「合成色」之間,把較亮的顏色當作「結果色」顯示。「中性色:黑色」。

濾色:反轉「基本色」與「合成色」再重疊,影像會變明亮。「中性色:黑色」。

147

加亮顏色：讓「基本色」變亮，降低對比，反映出「合成色」。「中性色：黑色」。

線性加亮（增加）：讓「基本色」變亮，增加亮度，反映出「合成色」。「中性色：黑色」。

顏色變亮：統計「基本色」與「合成色」的全色版值再做比較，數值較高的顏色當作「結果色」顯示。「中性色：黑色」。

覆蓋：「基本色」比 50% 灰階暗時，套用「色彩增值」；比 50% 灰階亮時，套用「濾色」。「中性色：50% 灰階」。

柔光：「合成色」比 50% 灰階暗時，套用「變暗」；比 50% 灰階亮時，套用「變亮」。「中性色：50% 灰階」。

實光：「合成色」比 50% 灰階暗時，套用「色彩增值」；比 50% 灰階亮時，套用「濾色」。「中性色：50% 灰階」。

強烈光源：「合成色」比 50% 灰階暗時，套用「加深顏色」；比 50% 灰階亮時，套用「加亮顏色」。「中性色：50% 灰階」。

線性光源：「合成色」比 50% 灰階暗時，增加亮度，套用「加深顏色」；比 50% 灰階亮時，減少亮度，套用「加亮顏色」。「中性色：50% 灰階」。

小光源：「合成色」比 50% 灰階暗時，取代成比「合成色」亮的像素；比 50% 灰階亮時，取代成比「合成色」暗的像素。「中性色：50% 灰階」。

實色疊印混合：將「合成色」各色版值加至「基本色」，合計值超過 255 以上的色版變成 255，不到 255 的色版變成 0。「中性色：無」。

差異化：在「基本色」與「合成色」之間，較大的明亮值減去較小值的顏色。「中性色：黑色」。

排除：與差異化類似，但是「結果色」的對比更低。「中性色：黑色」。

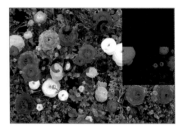

減去：「基本色」減去「合成色」。「中性色：黑色」。

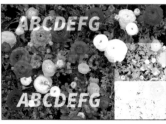

分割：分離「基本色」與「合成色」。「基本色」是白色或黑色時，「合成色」不會反映在「結果色」。「中性色：白色」。

色相：在「基本色」的明度與飽和度中，搭配「合成色」的色相。「中性色：無」。

飽和度：在「基本色」的明度與色相中，搭配「合成色」的飽和度。「中性色：無」。

顏色：在「基本色」的明度中，搭配「合成色」的色相與飽和度，與明度相反。「中性色：無」。

明度：在「基本色」的色相與飽和度中，搭配「合成色」的明度。與顏色相反。「中性色：無」。

實用的延伸知識！ ▶ **只有工具的選項列能使用的「下置」與「清除」**

只有工具的選項列能使用的「下置」與「清除」除了「圖層」面板，部分工具的選項列及命令對話視窗也可以使用混合模式。在工具列的選項中，可以設定以下兩種混合模式。這些混合模式無法在「圖層」面板中設定。右圖是在「合成色」圖層上拖曳。

下置

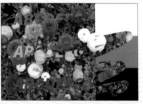

清除

● 只能在工具列的選項列使用的混合模式

混合模式	說明
下置	在工具列的選項列選取「模式：下置」，該工具的操作內容只會套用在透明像素上。
清除	在工具列的選項列選取「模式：清除」，不受「前景色」影響，只刪除拖曳部分的像素（變成透明）。

5-14 篩選圖層

「圖層」面板的圖層數量愈多，愈難找到目標圖層。使用圖層的篩選功能，可以輕鬆找到目標圖層。

🔵 圖層的篩選功能

在 Photoshop 使用「圖層」面板上方的篩選功能，可以篩選顯示在面板中的圖層種類。從下拉式選單中，選取篩選器種類❶，利用現有的圖示，設定篩選器的條件❷。選取「種類」時，可以設定的條件（圖層的種類）有以下 5 種。

▶ **像素圖層（影像圖層）**
▶ **調整圖層（包含填滿圖層）**
▶ **文字圖層**
▶ **形狀圖層**
▶ **智慧型物件圖層**

按下其中一個圖示，就能開啟篩選器❸，單獨顯示該種圖層。再按一下圖示即可關閉❹。

Photoshop 除了圖層種類之外，還會以各種條件篩選要顯示的圖層❺。例如，選取「名稱」，右側會顯示輸入的區域，輸入顯示的圖層名稱❻。

假如要停止篩選，顯示所有圖層時，按一下右邊的按鈕，即可關閉篩選功能❼。

Lesson · 6

設定色彩與繪圖功能

運用各種繪圖功能及漸層與圖樣

這一章要說明在 Photoshop 設定顏色以及漸層與圖樣等各種繪圖類功能的操作方法。Photoshop 的繪圖操作不僅能用來上色，也可以運用在建立、編輯選取範圍上。因此，這裡將整理各種有效率的用法。

Lesson 6-1　設定顏色的基本知識

使用 Photoshop 進行繪圖工作時，基本上是利用工具列下方的「前景色」與「背景色」來設定顏色，請先徹底瞭解這兩種顏色。

前景色與背景色

Photoshop 的工具列最下方可以設定「前景色」與「背景色」等兩種顏色。這兩種顏色的特色如下表所示，請先確認要在什麼情況使用何種顏色。

另外，在預設狀態下，前景色為黑色，背景色為白色。

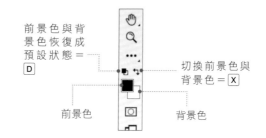

前景色與背景色恢復成預設狀態＝ D

前景色

切換前景色與背景色＝ X

背景色

● 前景色與背景色

項目	說明
前景色	這是使用「筆刷工具」、「鉛筆工具」等繪圖類工具繪圖時，或描繪選取範圍邊界時使用的顏色。
背景色	這是用「橡皮擦工具」清除「背景」圖層時使用的顏色。此外，以部分筆刷繪圖時，或套用特殊濾鏡效果時，也會用到。

使用「筆刷工具」或「鉛筆工具」等繪圖類工具在影像上拖曳，就會使用設定為前景色的顏色描繪。

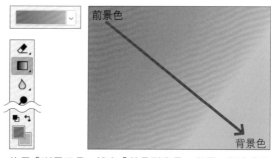

前景色

背景色

使用「漸層工具」設定「前景到背景」漸層，能畫出從前景色變化成背景色的漸層效果。

建立、刪除選取範圍

使用「橡皮擦」工具拖曳

背景色是使用「橡皮擦工具」在「背景」圖層上拖曳，或清除選取圖層內部時會使用的顏色。

使用部分筆刷繪圖，或套用特殊濾鏡效果時，有時會搭配使用前景色與背景色。

6-2 色彩的設定方法

使用檢色器或「顏色」面板，可以設定「前景色」或「背景色」的顏色。完成之後，能將顏色儲存在「色票」面板中，日後即可輕鬆選取。

🎨 使用檢色器設定顏色

檢色器是用來設定顏色的功能。按一下工具列的「前景色」或「背景色」圖示，就會顯示出來。

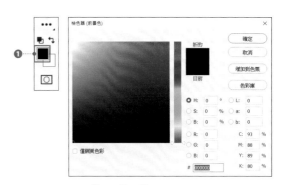

01 按一下工具列下方的「前景色」圖示 ❶，開啟「檢色器（前景色）」對話視窗。

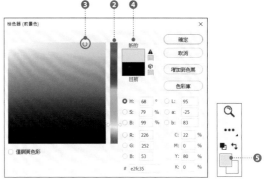

02 先按一下「顏色滑桿」❷，設定色相。接著按一下「顏色欄位」❸，設定飽和度與明度。設定的顏色顯示為「新的」❹，可以與「目前」的顏色做比較。

03 按下「確定」鈕，設定為「新的」顏色就會變成「前景色」❺。

> 📎 在顏色欄位中，愈上面的顏色愈鮮豔明亮，愈下面的顏色愈暗沉陰暗。

> 📎 Photoshop 提供各種使用檢色器的功能，但是用法全都一樣。

> **實用的延伸知識！** ▶ **利用數值設定顏色的方法**

使用顏色欄位設定顏色時，該顏色的 HSB 值、RGB 值、Lab 值、CMYK 值都會更新❶。此外，這裡也會顯示在 HTML 設定顏色時使用的 16 進位數值❷。
在檢色器直接輸入數值，可以設定特定色彩。假如要設定必須使用的顏色，只要在這裡輸入任何一種色彩模式的數值，就可以設定正確的顏色。

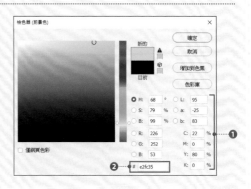

🌑 在「顏色」面板設定顏色

利用「顏色」面板也可以設定「前景色」或「背景色」。

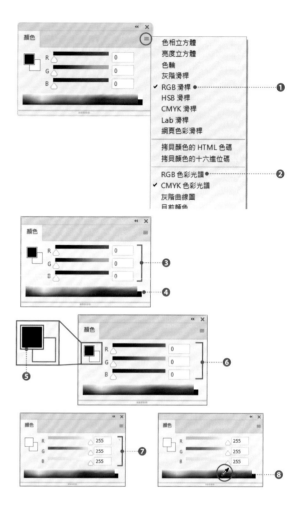

01 執行「視窗→顏色」命令，開啟「顏色」面板。一開始先利用面板選單選取要使用的色彩模式 ❶。這個範例勾選了「RGB 滑桿」與「RGB 色彩光譜」❷。

02 此時，「顏色」面板會顯示「RGB 滑桿」❸與「RGB 色彩光譜」❹（預設狀態已選取這些項目）。

03 如果要調整「前景色」，請按一下面板左上方的前景色圖示 ❺。選取之後，會顯示灰色框，滑桿內容也會切換成前景色。預設值是黑色，所以 RGB 值全都為 0 ❻。

04 如果要調整顏色，可以設定 RGB 各顏色的值 ❼，或按一下「RGB 色彩光譜」❽。

實用的延伸知識！ ▶ **開啟「動態顏色滑桿」**

如果「顏色」面板的外觀與上圖不同時，請執行「編輯（Mac 是 Photoshop）→偏好設定→介面」命令，開啟「偏好設定」對話視窗，在「選項」區域，確認是否勾選了「動態顏色滑桿」❶。假如沒有勾選這個項目，「顏色」面板的顏色滑桿外觀就會產生變化 ❷。

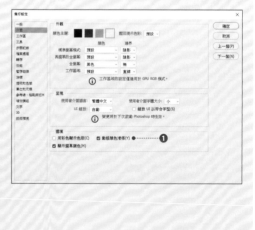

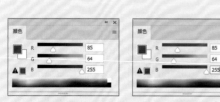

取消勾選時的顏色滑桿　　勾選時的顏色滑桿

將顏色儲存在「色票」面板

經常使用的顏色，如果每次都要利用檢色器或「顏色」面板設定，實在很麻煩。因此，先將常用的特定顏色儲存在「色票」面板中，日後操作起來比較方便。

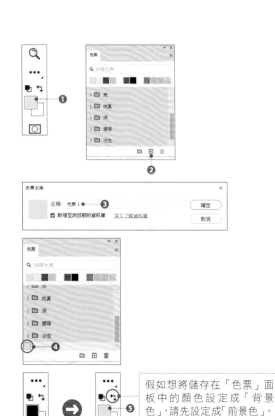

01 將工具列的「前景色」設定成要儲存的顏色❶，執行「視窗→色票」命令，開啟「色票」面板，按下面板下方的「建立前景色的新增色票」鈕❷。

02 開啟「色票名稱」對話視窗，輸入名稱❸，按下「確定」鈕。

03 設定的顏色會儲存在「色票」面板中❹。在這個面板按一下顏色，該顏色就會設定成工具列中的「前景色」❺。

假如想將儲存在「色票」面板中的顏色設定成「背景色」，請先設定成「前景色」，再按下「切換前景和背景色」鈕。

04 要將檢色器設定的顏色儲存在「色票」面板時，按下「增加到色票」鈕❻，就會開啟上面的「色票名稱」對話視窗。

實用的延伸知識！　▶ **警告：列印超出色域、按一下以選取網頁用色彩**

在檢色器或「顏色」面板中，設定成無法列印的顏色時，就會在對話視窗或面板顯示**「警告：列印超出色域」** ▲圖示❶❷。

假如設定了會隨著螢幕而產生不同結果的顏色，檢色器就會顯示**「按一下以選取網頁用色彩」** ◉圖示❸。如果不會造成問題，請忽略這個部分。不過若要列印或顯示在螢幕上時，最好選擇不會發生問題的顏色，請分別按下該圖示，就會自動更換成可顯示的近似色，圖示也會消失。

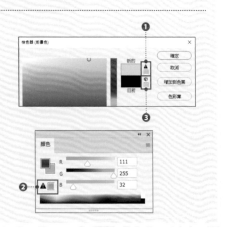

6-3 「筆刷工具」的用法

以下要說明「筆刷工具」的基本用法。「筆刷工具」不僅能進行色彩繪圖，也可以使用於 Photoshop 的各種功能，所以非常重要。

● 「筆刷工具」✐ 的基本操作

「筆刷工具」✐ 是擁有很多功能的工具，但是基本操作非常簡單。只要設定筆刷形狀再拖曳，就可以使用。請先把基本用法學起來。

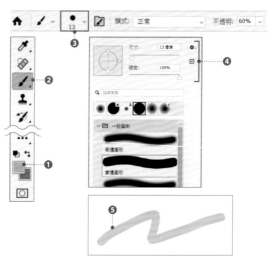

01 在工具列下方的「前景色」設定要繪圖的顏色❶，接著選取「筆刷工具」✐ ❷。

02 在選項列設定各個項目。基本上，按下「按一下以開啟「筆刷預設」揀選器」❸，開啟之後，設定「尺寸」和「硬度」❹。

03 在畫面上拖曳，使用設定形狀的筆刷，以設定好的顏色繪製線條❺。右圖是選取「實邊圓形筆刷」再拖曳的結果。

┌─ **快速鍵** ─────────┐
調整筆刷的尺寸、硬度
縮小尺寸：[[ ]　　減少硬度：[shift] + [[ ]
放大尺寸：[ ]]　　增加硬度：[shift] + [ ]]
└────────────────┘

● 「筆刷工具」的選項列

● 「筆刷工具」選項列的設定項目

項目	說明
❶ 筆刷種類	設定筆刷的種類（尺寸、硬度、形狀等）。按一下會顯示「筆刷預設揀選器」，利用筆刷預設揀選器的面板選單，可以新增筆刷的種類。
❷ 切換筆刷面板	按一下會顯示「筆刷」面板，用來進行更詳細的筆刷設定。
❸ 模式	設定繪圖時的模式（p.146）。
❹ 不透明	設定顏色的透明度。按下右邊的「筆壓」按鈕，即可使用手寫板的筆壓。
❺ 流量	設定套用顏色的速度。按住滑鼠不放，會逐漸接近設定的不透明度。例如：「不透明：30%」、「流量：100%」一開始就是以「不透明：30%」繪圖，但若是「不透明：30%」、「流量：30%」，則是逐漸接近「不透明：30%」。
❻ 啟動噴槍樣式的形成效果	按一下開啟之後，搭配使用「不透明」與「流量」，按下滑鼠時，就會逐漸變深。
❼ 平滑化	設定繪圖時的平滑度。
❽ 一律在尺寸上使用壓力	按一下開啟之後，調整尺寸時，會使用手寫板的筆壓。

🌀 新增筆刷

利用筆刷預設揀選器的面板選單可以新增筆刷種類❶。顯示面板選單，選單下方就會顯示筆刷資料庫的清單。

01 這裡選擇新增「舊版筆刷」❷。

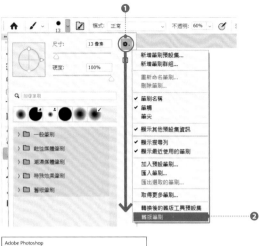

02 開啟右邊的對話視窗，按下「確定」鈕❸。在筆刷預設揀選器中，就會新增「舊版筆刷」❹。Photoshop 除了圓形筆刷，還準備了各式各樣的筆刷。

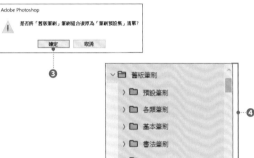

🌀 更改筆刷的顯示形式

增加大量筆刷後，很難找到想要使用的筆刷，此時就要調整筆刷的顯示形式。

01 在筆刷預設揀選器的面板選單中❶，執行「筆觸」命令❷，比較容易確認筆刷的筆畫（筆跡）。這個範例選擇了「杜鵑花」❸。

02 在畫面上拖曳，就可以使用選取的筆刷繪圖❹。

筆刷的詳細設定

Photoshop 可以利用「筆刷」面板設定筆刷的詳細內容。基本設定也可以透過前面提到的筆刷預設揀選器來完成，但是若要進行詳細設定，就需要使用「筆刷」面板來操作。

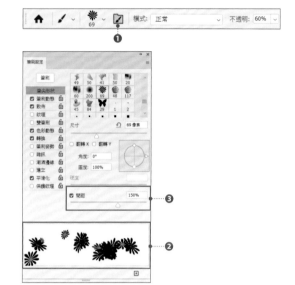

01 執行「視窗→筆刷」命令，或按下「筆刷工具」✎ 選項列的「切換筆刷面板」鈕❶。

02 在「筆刷」面板中，顯示目前設定的筆刷資料。另外，面板下方也會顯示預視結果❷。請一邊檢視這個部分，一邊進行設定工作。這裡設定成「間距：150%」，拉開花朵之間的間隔❸。

03 從左側類型中，選取「筆刷動態」❹（不僅要勾選，還要呈現深灰色狀態），更改形狀設定。
「直徑」、「角度」、「圓度」都有「快速變換」，這是指變動率。數值愈高，愈會提高筆畫內的隨機率。這個範例設定「最小圓度：100%」，形成沒有變形的形狀❺。

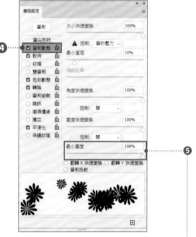

> 圓度設定為 100% 會變成正圓形。這裡設定了「最小圓度」為 100%，就算快速變換最大值為 100%，圓度也不會隨機變化。

04 選取左邊類型中的「散佈」❻（不僅要勾選，還要呈現深灰色狀態），更改散佈的設定。
這個範例勾選了「散佈」的「兩軸」項目，設定成 300% ❼。此外，還設定「數量：2」、「數量快速變換：100%」❽。

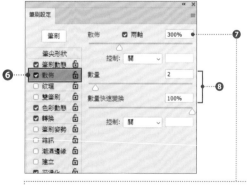

> 勾選「兩軸」之後，能以軸為基準，對稱散佈。散佈率愈高，感覺愈分散。

05 選取左邊類型中的「色彩動態」**9**（不僅要勾選，還要呈現深灰色狀態），調整色彩設定。

這個範例設定為「前景／背景快速變換：20%」、「色相快速變換：5%」**10**，讓隨機使用的前景色與背景色之間，色彩間隔變得比較和緩。

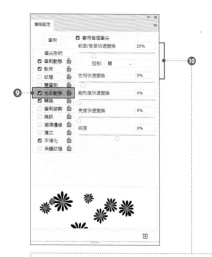

將「前景／背景快速變換」設定為 0%，變成和一般繪圖一樣，只會使用前景色。

🌀 儲存筆刷

如果沒有先將自訂的筆刷設定儲存起來，就會消失不見，因此建議先存檔。

01 按下「筆刷」面板下方的「建立新筆刷」鈕**1**。

02 開啟「新增筆刷」對話視窗，輸入筆刷名稱**2**，按下「確定」鈕。

03 儲存之後，在「筆刷工具」 ✎ 等繪圖類工具的選項列，就可以選取剛才自訂的筆刷**3**。

實用的延伸知識！ ▶ **管理筆刷**

我們可以開啟、刪除或更改筆刷名稱。選取筆刷，執行「刪除筆刷」命令**1**，就可以把筆刷刪除，執行「重新命名筆刷」命令**2**，可以改變筆刷名稱。此外，選取「預設集管理員」（**p.231**）**3**，開啟「預設集管理員」對話視窗，也能執行相同操作（限 2019 之前的版本，2021 版的「預設集管理員」已經沒有筆刷預設集）。

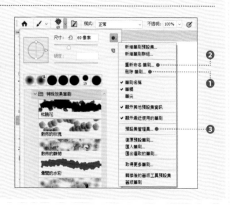

「油漆桶工具」與「填滿」對話視窗

「筆刷工具」適合進行細部繪圖，相對來說，想要一次填滿大片範圍時，使用「油漆桶工具」或「填滿」對話視窗比較方便。

「油漆桶工具」 的基本操作

「油漆桶工具」 是按一下就能使用指定顏色填滿整個範圍的工具。以下將使用右圖進行著色。

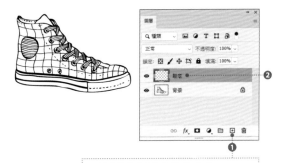

01 首先建立填滿用的圖層。按下「圖層」面板下方的「建立新圖層」鈕 ❶，增加新圖層，接著選取新增的圖層❷。

關於新增圖層的方法請參考 p.111。

02 設定工具列下方的「前景色」 ❸，然後選取「油漆桶工具」 ❹。
依照以下內容設定選項列（請參考下圖）。

- ▶「前景色」
- ▶「模式」：正常
- ▶「容許度」：32
- ▶「只填滿連續的像素」：使用
- ▶「填滿複合影像」：使用

在任意位置按一下，與這個位置類似的顏色區域就會填滿前景色❺。

● 「油漆桶工具」的選項列

● 「油漆桶工具」選項列的設定項目

項目	說明
❶ 設定填滿區域的來源	設定填滿要使用的來源。前景色可以設定為圖樣。
❷ 模式／不透明	設定繪圖的混合模式（p.146）或顏色的透明度。
❸ 容許度	設定與滑鼠點選部分相似色的色階範圍為 0～255。數值愈大，按一次可以填滿的範圍愈廣。
❹ 平滑邊緣轉變	讓填滿範圍的邊緣變平滑。
❺ 只填滿連續的像素	只有相鄰的近似色範圍成為填滿對象。取消勾選，影像內容許度以內的所有範圍都成為填滿對象。
❻ 填滿複合影像	根據所有圖層的顏色值來填滿。

03 一邊改變前景色，一邊重複 Step1 ～ 2 完成著色。把圖層分開，萬一填色錯誤時，就能輕鬆修改❻。

假如要反覆塗抹，先將顏色儲存在「色票」面板比較方便（**p.155**）。

🎨 使用「填滿」對話視窗填色

利用 Photoshop 的「填滿」對話視窗，也可以填滿影像。

01 執行「編輯→填滿」命令，開啟「填滿」對話視窗，設定各個項目❶。

02 按下「確定」鈕，使用設定的顏色填滿整個畫面❷。

● 「填滿」對話視窗的設定項目

項目	說明
內容	設定填滿使用的內容。除了「前景色」、「背景色」、「顏色」之外，還可以設定為「內容感知」、「圖樣」、「步驟記錄」、「黑色」、「50% 灰階」、「白色」等。
混合模式／不透明度	設定填滿色彩的混合模式（**p.146**）及不透明度。
保留透明	勾選之後，保留透明部分，假如不想填滿透明部分，請勾選這個項目。

填滿整個畫面的方法除了使用上述的「填滿」對話視窗，還可以利用上一章說明過的「填滿圖層（純色）」（**p.124**）。使用填滿圖層（純色）後，可以讓色彩變得更柔和。但是填滿圖層（純色）無法和「油漆桶工具」一樣，按一下就能描繪細節部分。如果要利用填滿圖層填滿影像內的一部分，必須先建立選取範圍（**p.74**）。

實用的延伸知識！ ▶ 「填滿」對話視窗的用法

利用「填滿」對話視窗也可以編輯圖層遮色片（**p.132**）的遮色片區域。在「圖層」面板按一下圖層遮色片的縮圖❶，用白色填滿，就可以重置圖層遮色片❷。

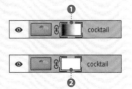

6-5 運用漸層

以下要說明自訂漸層的方法。漸層不僅可以當作繪圖功能使用,也可以用來編輯圖層遮色片或 Alpha 色版。

「漸層工具」的基本操作

使用「漸層工具」,可以輕鬆繪製所有形狀的漸層。

01 選取工具列中的「漸層工具」❶,設定選項列的各個項目。這個範例的設定內容如下所示(請參考下表)。

- ▶「形狀」:線性漸層
- ▶「模式」:正常
- ▶「不透明」:100%
- ▶「混色以降低條紋狀態」與「切換漸層透明度」:使用

02 按一下「按一下以編輯漸層」❷,開啟「漸層編輯器」對話視窗,設定漸層顏色❸(設定方法請見下一頁的說明)。

事先設定「前影色」與「背景色」,使用了該顏色的漸層就會變成預設值。

● 「漸層工具」的選項列

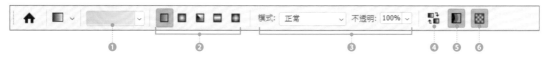

● 「漸層工具」的選項列設定項目

項目	說明
❶ 漸層取樣	按一下可以開啟「漸層編輯器」。
❷ 漸層的種類	設定漸層的種類,全部共 5 種。左起是「線性漸層」、「放射性漸層」、「角度漸層」、「反射性漸層」、「菱形漸層」。
❸ 模式/不透明	設定漸層的混合模式(**p.146**)與不透明度。
❹ 反轉漸層色	使用之後,漸層方向變成相反。
❺ 混色以降低條紋狀態	使用之後,變成平滑的漸層。
❻ 切換漸層透明度	使用之後,可以建立含有透明部分的漸層。

03 如果要調整漸層的顏色，可以按一下
色標❹，再按一下對話視窗下方的「顏
色」方塊設定顏色❺。
若要調整漸層的變化程度，可以將中
間點往左或右拖曳移動❻。

04 同樣選取右邊的色標❼，更改顏色後
❽，即可完成如右圖的漸層。

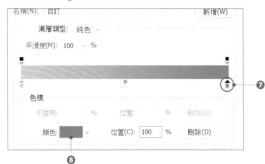

05 假如要在漸層列下方建立三種顏色以
上的漸層，請在漸層列下方，沒有色
標的部分按一下❾，增加色標。顏色
的設定方法和上面一樣。
假如要刪除色標，請按一下該色標
後，再按下「刪除」鈕，即可刪除❿。

06 完成漸層後，按下「確定」鈕⓫，關
閉對話視窗，在影像上拖曳⓬，就能
在拖曳範圍顯示漸層效果。

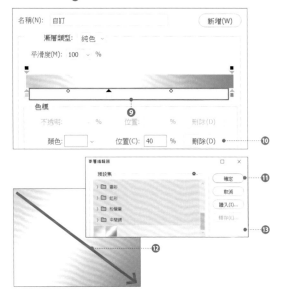

按下「新增」鈕⓭，就會儲存在對話視窗上方
的「預設集」，經常用到的漸層請先儲存起來。

實用的延伸知識！ ▷ **含有透明的漸層**

如果要製作含有透明的漸層，
按一下漸層上的「透明色標」
❶，更改「不透明」❷，就可
以建立逐漸消失的漸層❸。

6-6 使用圖樣繪圖

以下要說明如何使用「圖樣印章工具」，在影像上繪製事先儲存的圖樣。

使用「圖樣印章工具」 繪圖

使用「圖樣印章工具」 可以像用筆刷繪圖般，描繪出儲存在 Photoshop 裡的各種圖樣。

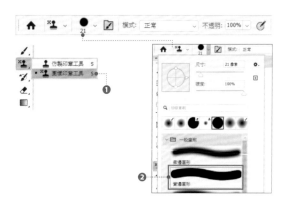

01 選取工具列中的「圖樣印章工具」 ❶，設定選項列的各個項目（請參考下一頁的表格）。這個範例選取了「實邊圓形」筆刷❷。

02 開啟「圖樣」面板，執行「舊版圖樣和更多」命令，載入舊版圖樣。按一下「圖樣印章工具」選項列的「圖樣揀選器」❸，選取舊版圖樣中的「彩色紙張」❹。

03 這裡提供了各種圖樣，你可以從中選取要使用的圖樣❺。

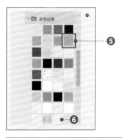

04 這個範例選取了「淺黃色紋理紙」❻。在影像上拖曳，可以使用設定的圖樣繪圖❼。

● 「圖樣印章工具」的選項列

① ② ③ ④ ⑤ ⑥ ⑦ ⑧ ⑨

● 「圖樣印章工具」選項列的設定項目

項目	說明
❶ 筆刷的種類	按一下開啟「筆刷預設揀選器」設定筆刷。
❷ 切換筆刷面板	按一下即可開啟「筆刷」面板,進行詳細的筆刷設定。
❸ 模式/不透明	設定圖樣的混合模式(p.146)與不透明度。
❹ 流量	設定套用圖樣的速度。按住滑鼠不放,會逐漸接近設定的不透明度。例如:「不透明:30%」、「流量:100%」,一開始就以「不透明:30%」繪圖,但若是「不透明:30%」、「流量:30%」,則是會逐漸接近「不透明:30%」。
❺ 啟動噴槍樣式的形成效果	搭配使用「不透明」與「流量」,同時開啟這個效果,在按住滑鼠左鍵時會逐漸變深。
❻ 圖樣	按一下就會顯示「圖樣揀選器」,可以設定圖樣。
❼ 對齊	按下圖示,放開滑鼠按鍵再繼續繪圖,也會使用原本的起點,維持圖樣的連續性。
❽ 印象派	按下這個圖示之後,會加上印象派效果來套用圖樣。
❾「一律在尺寸上使用筆壓」按鈕	按一下開啟之後,調整尺寸時會使用手寫板的筆壓。

實用的延伸知識! ▶ 可以使用圖樣功能的部分

Photoshop 提供了幾個可以使用圖樣功能的部分。除了「圖樣印章工具」的選項列之外,主要還可以用在以下幾個部分,請視實際狀況分別運用。

● 「圖樣印章工具」的選項列

如同前面說明過,在「圖樣印章工具」設定圖樣,可以利用筆刷的操作方式,在影像上繪圖。

● 「油漆桶工具」的選項列

在「油漆桶工具」設定「模式:圖樣」,設定圖樣之後,就能以設定的圖樣填滿。

● 填滿圖層	● 「填滿」對話視窗	● 「圖層樣式」的「圖樣覆蓋」
		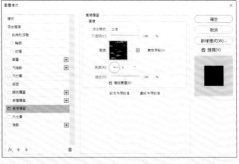
在填滿圖層設定「圖樣」,可以在整個影像填滿設定的圖樣(p.124)。	執行「編輯→填滿」命令,可以開啟「填滿」對話視窗(p.161)。	在圖層樣式(p.142)的「圖樣覆蓋」設定圖樣,就會在圖層套用該圖樣。

6-7 各種橡皮擦類工具

Photoshop 提供了三種橡皮擦類工具，任何一種都是選取工具，在影像上拖曳或按一下，就可以刪除部分影像。

三種橡皮擦類工具

Photoshop 提供了三種橡皮擦工具，如右圖❶。每種工具的使用時機多少有些差異，請根據刪除的對象或特色來選擇。另外，這裡將以右圖「前景色」及「背景色」的設定狀態來進行說明❷。

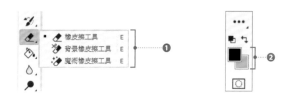

☑「橡皮擦工具」✐.

「橡皮擦工具」✐.是清除拖曳部分的工具。清除了一般圖層之後，會透出下面的圖層❸。另外，清除對象如果是「背景」圖層，會顯示出設定的「背景色」❹。

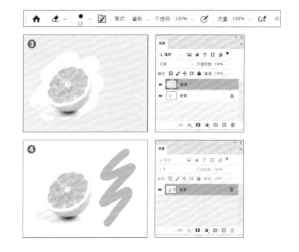

☑「背景橡皮擦工具」✐.

「背景橡皮擦工具」✐.是讓拖曳部分變透明的工具。在「背景」圖層上拖曳，會變成一般圖層❺。

☑「魔術橡皮擦工具」✐.

「魔術橡皮擦工具」✐.是刪除與點選處類似色的區域，變成透明的工具❻。選項列的「容許度」是用來設定近似值的範圍。操作感與「油漆桶工具」◇（p.160）或「魔術棒工具」✐（p.84）類似。

Lesson · 7

Retouching & Image Compensation.

修正影像的基本技巧

提高影像品質的基礎技術

這一章要說明如何去除影像中的多餘物
體，以及移動部分被攝體的技巧。
Photoshop 提供了各種功能，最重要的是
根據影像的特性，選擇有效率的方法。

7-1 去除多餘的部分

使用「仿製印章工具」或「修復筆刷工具」，可以利用取樣資料，去除多餘的物體。執行方式與筆刷類似，適合進行細部操作。

兩種修復類工具

Photoshop 提供了「仿製印章工具」 ✿.與「修復筆刷工具」 ✿.等兩種修復類工具。兩者都是使用取樣的資料來刪除多餘的部分，而且操作方式也一樣。利用筆刷塗抹方式，就能去除小雜訊或瑕疵。

「修復筆刷工具」 ✿.具備與周圍影像無縫融合的功能。但是「仿製印章工具」 ✿.沒有這個功能，請先使用「仿製印章工具」 ✿.大致清除不要的部分，再利用「修復筆刷工具」 ✿.完成調整，這樣的流程比較方便。

接下來，讓我們實際清除多餘的部分吧！

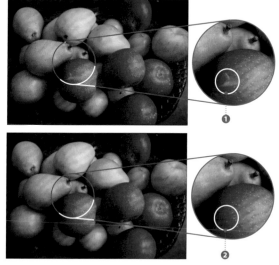

圖1 檢視上圖，可以發現在每個地方都有細微的瑕疵 ❶。使用修復類工具去除瑕疵，就能修復成完美的狀態，如下圖所示 ❷。

01 一開始先建立修改用圖層。按住 Alt（option）鍵不放，並按下「圖層」面板下方的「建立新圖層」鈕 ❸，開啟「新增圖層」對話視窗。

02 在圖層名稱輸入「修改」，按下「確定」鈕 ❹，建立圖層並呈現選取狀態 ❺。

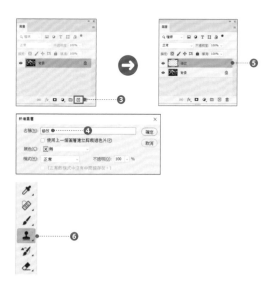

03 選取工具列中的「仿製印章工具」 ✿. ❻，選項列的各個項目設定如下。選取「目前及底下的圖層」 ❼。關於筆刷尺寸，將在下一個步驟中解說。

● 「仿製印章工具」的選項列

項目	設定
❶ 對齊	這是中斷、重新開始繪圖操作時的取樣方法。按下這個圖示後,會持續取樣最新的樣本。取消之後,會從最初取樣點開始持續取樣。
❷ 仿製樣本模式	設定取樣的圖層。
❸ 開啟以在仿製時忽略調整圖層	按下這個圖示,在取樣時,會排除調整圖層。

※ 與「筆刷工具」重複的部分請參考 p.156。這個表格只介紹「仿製印章工具」的特殊設定項目。

04 這次的筆刷設定為「尺寸:21 像素」、「硬度:0%」❽。設定成「硬度:0%」,修復部分的邊緣就不會過於明顯。

比起用選項列的「尺寸」決定筆刷大小,利用快速鍵執行操作比較有效率。按下 [鍵可以縮小筆刷尺寸,按下] 鍵可以放大筆刷尺寸。

筆刷尺寸設定成略大於去除部分的大小,通常只要按一下,就可以完美修正。

05 使用「縮放工具」 放大編修區域,並且將筆刷尺寸設定成略大於去除部分的大小❾。

06 按住 Alt (option) 鍵不放,再按一下修復部分周圍沒有瑕疵的地方❿,就可以完成取樣 (取樣後,放開按鍵)。

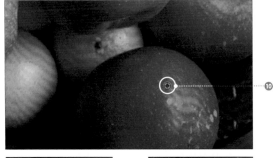

07 在要修改的部分上按一下或拖曳⓫,去除不要的部分,完成編修。

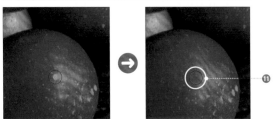

08 「仿製印章工具」▲.是單純拷貝取樣影像的功能,所以有些地方可能出現無法自然融入周圍的情況。假如沒辦法完美去除不要的部分,請使用「修復筆刷工具」❷.調整。選取工具列中的「修復筆刷工具」❷.**⑫**,按照右圖設定筆刷**⑬**。

09 基本的操作方法和「仿製印章工具」▲.相同,按住 Alt (option) 鍵不放,在希望修復部分的周圍按一下取樣,接著按一下或拖曳要修復的部分,就可以成功修復,如右圖所示**⑭**。

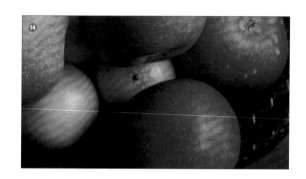

● 「修復筆刷工具」的選項列

● 「修復筆刷工具」選項列的設定項目

項目	說明
❶ 筆刷設定	設定尺寸、硬度、間距、角度、圓度。
❷ 模式	設定混合模式。選擇「取代」,使用柔邊筆刷時,可以保持邊緣部分的雜訊、粒子、紋理。
❸ 來源	「取樣」:使用取樣的範本,一般會選擇這個項目。 「圖樣」:使用圖樣。可以設定選取後使用的圖樣。

※ 與「筆刷工具」重複的部分請參考 p.156,與「仿製印章工具」相同的設定項目請參考 p.169。這個表格只介紹「修復筆刷工具」的特殊設定項目。

10 按一下「圖層」面板中的眼睛圖示,可以單獨顯示「修改」圖層**⑮**,確認修改內容**⑯**。把圖層分開,萬一出錯也可輕易恢復原狀,不用擔心。

假如有要重新修改的地方,請選取「修改」圖層,使用「橡皮擦工具」(p.166)拖曳清除,即可刪除修改的部分。

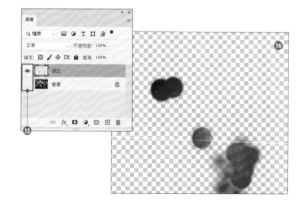

操作「仿製來源」面板

「仿製印章工具」與「修復筆刷工具」兩者都是先取樣，再去除不要部分的工具。取樣必須配合要去除的部分來適當調整。此外，使用頻率較高的取樣，可以事先儲存在「仿製來源」面板中。但是，只有在開啟檔案的狀態下，才能使用儲存的樣本。關閉檔案後就會消失。

☑ 開啟「仿製來源」面板的方法

執行「視窗→仿製來源」命令，可以開啟「仿製來源」面板。

另外，在「仿製印章工具」或「修復筆刷工具」的選項列按下右圖的圖示，也可以開啟「仿製來源」面板❶。

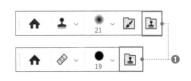

☑ 「仿製來源」面板的用法

「仿製來源」面板最多可以儲存 5 個來源❷。一般是在左邊圖示的地方儲存來源。只要按一下各個圖示，即可顯示儲存在裡面的來源資料（位置或範圍等）❸。

如果要儲存多個來源時，請先按一下儲存該來源的圖示，然後使用「仿製印章工具」或「修復筆刷」工具取樣。

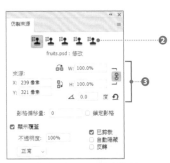

☑ 修復多個地方

只要善用「仿製來源」面板，就能有效率地修復右圖這種含有各種顏色的複雜被攝體。

● 「仿製來源」面板的項目

項目	說明
仿製來源的設定	最多可以儲存 5 個，在按下來源按鈕的狀態，進行取樣後儲存。之後選擇取樣來源，就不需要在影像上取樣。
取樣來源的設定	「來源」：與取樣來源的距離。配合修改部分的尺寸，可以放大、縮小、旋轉、反轉取樣來源。
影格設定	「影格偏移量」與「鎖定影格」是與影片、動畫有關的功能，本書省略不提。
覆蓋設定	「顯示覆蓋」：可以選擇不透明度或取樣的顯示方法。 「已剪裁」：利用筆刷尺寸顯示覆蓋。

7-2 自動取樣的修復、去除功能

「污點修復筆刷工具」是從周圍區域自動取樣,再去除不要部分的工具。操作方式和筆刷一樣,可以進行細部操作。

🔁 「污點修復筆刷工具」 ✐.

「污點修復筆刷工具」 ✐.是自動取樣周圍區域,再刪除不要部分的工具。不需要事先取樣,只要直覺拖曳,就可以完美地去除不要的部分。

圖1 檢視左圖,可以看到天空上有一道宛如傷口的痕跡**①**,這種複雜的漸層可以利用「污點修復筆刷工具」來修復。

01 開始操作之前,先建立修改用圖層。按住 Alt(option)鍵不放,再按下「圖層」面板下方的「建立新圖層」鈕,開啟「新增圖層」對話視窗**②**。

 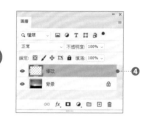

02 圖層名稱輸入「修改」**③**,按下「確定」鈕,建立新圖層,並呈現選取狀態**④**。

03 選取工具列中的「污點修復筆刷工具」 ✐.**⑤**,按照下圖設定選項列的各個項目**⑥**。

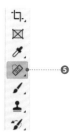 

04 將筆刷尺寸設定成略大於修改部分的大小,按一下或拖曳**⑦**,就會自動取樣,去除不要的部分**⑧**。

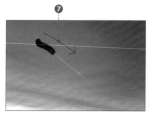 

05 使用這個功能，連複雜的部分也可以輕易修改完成。單獨顯示修改用的圖層**❾**，可以確認修改了哪個部分**❿**。

● 「污點修復筆刷工具」的選項列

項目	說明
類型	「使用內容感知填色修復」：與周圍無縫結合，一般會選取這個項目。 「使用紋理修復」：使用選取範圍內的像素來建立紋理。 「使用近似符合修復」：使用選取範圍的邊緣像素，偵測當作修補用的區域。
從複合資料中仿製樣本資料	從所有顯示圖層中取樣資料。

※ 與「筆刷工具」重複的部分請參考 p.156，與「修復筆刷工具」相同的設定項目請參考 p.170。這個表格只介紹「污點修復筆刷工具」的特殊設定項目。

實用的延伸知識！ ▶ **修復類工具的差異**

這一章說明了使用各種修復類工具去除不要部分的方法，但是每種工具都有些差異，重點整理如下表所示，請配合影像的特性來分別運用。

● 修復類工具的差異

工具名稱	特色、操作感	取樣	利用目前的圖層	適合的情況
「仿製印章工具」（p.168）	以筆刷塗抹的方式，取樣來源，清除不要的部分。	需要取樣。按住 Alt（option）鍵不放，再按一下，手動取樣。可以使用「仿製來源」面板。	可以。利用選項列的「樣本」項目，設定要取樣的圖層。	適合去除小雜訊或瑕疵等細節部分。
「修復筆刷工具」（p.170）	以筆刷塗抹的方式，取樣來源，無縫清除不要的部分。			
「污點修復筆刷工具」（p.172）	以筆刷塗抹的方式無縫清除不要的部分。	不用取樣。利用「內容感知」功能，從周圍資料自動取樣。	可以。在選項列按下「從複合資料中仿製樣本資料」。	
「修補工具」（p.174）	以包圍方式清除不要的部分。			適合範圍大，周圍比較單純的影像。
「填滿」命令（p.175）	以包圍方式清除不要的部分。		不可以	

7-3 以包圍方式去除不要的部分

使用「修補工具」,能以包圍方式去除不要的部分。這種工具適合用來修改周圍單純而且面積較大的物件。類似的功能有「填滿」命令。

「修補工具」

使用「修補工具」,以拖曳方式包圍不要的部分,就可以完美去除。影像會重新組合,與周圍融合,完成調整。

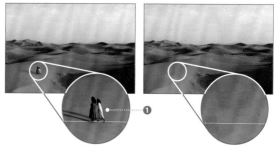

圖1 檢視左圖,可以看到拍攝到走在沙漠中的兩位人物 ❶。使用「修補工具」在人物周圍拖曳,就能完美地去除人物,如右圖所示。

01 開始操作之前,先建立修改用圖層。按住 Alt (option) 鍵不放,按下「圖層」面板下方的「建立新圖層」鈕,開啟「新增圖層」對話視窗 ❷。

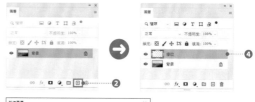

02 圖層名稱輸入「修改」❸,按下「確定」鈕,建立新圖層,並呈現選取狀態 ❹。

03 選取工具列中的「修補工具」❺,在選項列選取「修補:內容感知」,並且按下「啟動以修補所有圖層」❻。

● 「修補工具」的選項列

項目	說明
修補	「正常」:可以設定修復包圍的區域,或進行取樣,使用圖樣進行修復。但是「內容感知」的修復精準度較高,所以這個選項本書省略不提。 「內容感知」:與周圍無縫融合,通常會選擇這個項目。
結構	設定修補時,反映現有影像圖樣的程度。輸入值為 1～7,數值愈大,愈能忠實反映現有影像圖樣。
顏色	設定套用至修補的演算顏色混合程度。輸入值為 0～10。輸入 0 會關閉顏色混合,輸入 10 是套用最大的顏色混合。
啟動以修補所有圖層	從全部顯示的圖層取樣資料。

| 04 | 以拖曳方式包圍想要除去的部分，建立選取範圍❼。 |

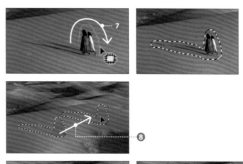

| 05 | 接著在周圍乾淨部分拖放❽，就可以自動除去不要的部分。 |

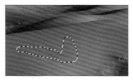

| 06 | 執行「選取→取消選取」命令，解除選取範圍，確認完成結果❾。 |

有時受到去除物件大小的影響，最好不要一次選取，而是分成數次逐步去除，才能得到比較好的結果。這裡提供的參考範例只要操作一次，就能完美去除，但是部分影像卻可能出現不自然的結果。遇到這種狀況時，請使用「仿製印章工具」或「修復筆刷工具」等來調整（p.168）。

實用的延伸知識！ ▷ 「填滿」命令的「內容感知」功能

與「修補工具」類似的功能還有「填滿」命令。這個功能和「修補工具」一樣，都是以包圍方式，去除不要物體，但是仍有以下兩點差異。

▷「填滿」命令無法對分開的圖層進行修改操作
▷「修補工具」在建立選取範圍時較為有彈性

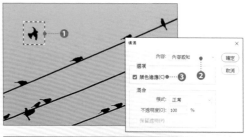

利用「填滿工具」去除不要物體時，一開始先利用「矩形選取畫面工具」建立包圍不要物體的選取範圍❶，接著執行「編輯→填滿」命令，開啟「填滿」對話視窗。
選取「內容：內容感知」❷，並且勾選「顏色適應」，就可以獲得更好的結果❸。
按下「確定」鈕，去除不要的物體❹。

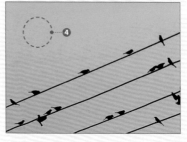

7-4 移動被攝體

使用「內容感知移動工具」可以更改影像內的被攝體位置。由於操作十分簡單,所以能省下重新拍照的時間。

⊙「內容感知移動工具」✕

使用「內容感知移動工具」✕,只要執行簡單的拖曳操作,就可以調整被攝體的位置。影像會重新調整,讓原本的部分與周圍融合。

把影像中央下方的氣球往右後方移動❶。檢視右圖,可以看到已經完美移動了氣球。

---

01 開始操作之前,先建立修改用圖層。按住 Alt(option)鍵不放,按下「圖層」面板下方的「建立新圖層」鈕,開啟「新增圖層」對話視窗❷。

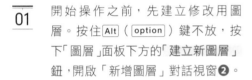

02 圖層名稱輸入「修改」,按下「確定」鈕❸,建立新圖層,並呈現選取狀態❹。

03 選取工具列中的「內容感知移動工具」✕❺,在選項列設定「模式:移動」❻,按下「啟動以對所有圖層重新混色」及「允許旋轉和縮放選取範圍」項目❼。

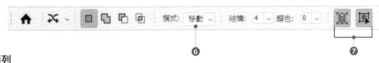

● 「內容感知移動工具」的選項列

項目	說明
模式	「移動」:將物件置於不同位置。 「延伸」:拷貝物件並置於不同位置。
結構	設定修補時,反映現有影像圖樣的程度。輸入值為 1 ～ 7,數值愈大,愈能忠實反映現有影像圖樣。
顏色	設定套用至修補的演算顏色混合程度。輸入值為 0 ～ 10。輸入 0 會關閉顏色混合,輸入 10 是套用最大的顏色混合。
啟動以對所有圖層重新混色	使用全部的圖層資料,在選取的圖層中,產生移動結果。
允許旋轉和縮放選取範圍	以拖放方式建立選取範圍後,會顯示變形控制項,可以進行變形。

04 以拖曳操作包圍想要移動的被攝體，建立選取範圍**❽**。

05 在選取範圍內移動游標，直接拖放至目標位置**❾**。

06 這次在選項列按下了「允許旋轉和縮放選取範圍」**❿**，所以放開滑鼠後，會顯示變形控制項。按住 shift 鍵不放，同時拖曳邊角控制點，可以縮放影像**⓫**。

> 使用上述步驟，把影像放大超過原本的影像尺寸時，影像會變粗糙，請避免這麼做。

07 和這次的參考範例一樣，當移動來源與移動目的地的背景不同時，會產生如右圖的不自然結果**⓬**。此時，請利用「仿製印章工具」 🔖.或「修復筆刷工具」 ✎.調整周圍的部分**⓭**（p.168）。

08 單獨顯示「修改」圖層**⓮**，可以確認修改後的內容**⓯**。

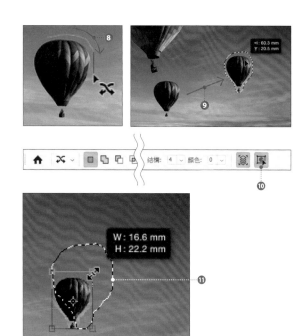

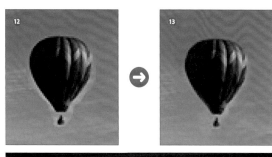

7-5 延伸影像

Lesson

執行「內容感知比率」命令，在影像尺寸不足時，可以保護特定範圍，同時延伸影像。

「內容感知比率」命令

執行「內容感知比率」命令，可以保護影像內的人物或物體等不希望變形的部分，同時調整影像大小。

請長按畫面左下方的狀態列（p.22），確認影像尺寸。這次使用的右圖影像為寬度 640 像素、高度 427 像素。假設我們要將這張影像變成寬度 1000 像素的橫長影像，此時要延伸不足的 360 像素❶。

01 開啟影像，在「圖層」面板中，已經存在著「背景」圖層。我們無法對「背景」圖層執行「內容感知比率」命令，所以要先將「背景」圖層轉換成一般圖層（p.120）。在「背景」圖層上雙按滑鼠左鍵❷，開啟「新增圖層」對話視窗，不更改任何設定，直接按下「確定」鈕❸，就可以將「背景」圖層轉換成一般圖層❹。

02 執行「影像→版面尺寸」命令，開啟「版面尺寸」對話視窗。
這次要往右延伸 360 像素，所以按一下「錨點」的◀部分，設定「左中央」❺。
勾選「相對」❻，尺寸單位設定為「像素」，寬度輸入「360」❼，完成設定後，按下「確定」鈕❽。

> 關於版面尺寸的內容請參考 p.43 的說明。

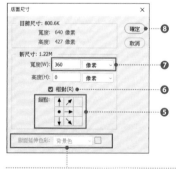

> 在影像中若沒有「背景」圖層，就無法使用「版面延伸色彩」。這次的參考範例不需要設定這個部分，假如要設定顏色，請保留「背景」圖層。

03 更改版面尺寸後，就會在右側增加寬度 360 像素的透明部分，如右圖所示 ❾。

❾

04 設定影像內要保護的部分（不想變形的部分）。選取工具列中的「套索工具」♀.❿，大致建立選取範圍，如右圖所示⓫。

⓫

05 執行「選取→儲存選取範圍」命令，開啟「儲存選取範圍」對話視窗，輸入「名稱」⓬，把選取範圍儲存成 Alpha 色版⓭（關於儲存選取範圍的方法請參考 p.88）。
儲存之後，執行「選取→取消選取」命令，取消選取範圍。

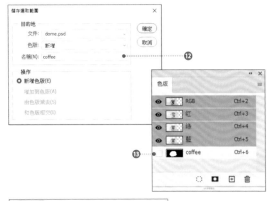

06 執行「編輯→內容感知比率」命令⓮。

07 畫面進入編輯模式，顯示以下的選項列。在選項列的「保護」項目，設定剛才儲存的 Alpha 色版⓯。

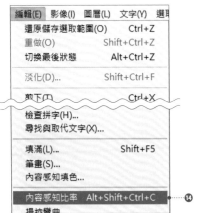

⓯

| 08 | 影像周圍顯示變形控制項，拖曳側邊控制點，延伸影像⓰。按下選項列的 ✓ 鈕，確認變形。 |

| 09 | 確認完成結果。在保護範圍內的部分，維持原始影像的狀態，只改變了影像大小。 |

● 執行「內容感知比率」命令時的選項列

● 執行「內容感知比率」命令時的選項列設定項目

項 目	說 明
❶ 參考點位置	縮放影像的參考點。按一下就可以調整固定的參考點。在預設狀態下，固定的參考點是在影像的中心。
❷ 參考點使用相對位置△	按一下△鈕，可以把目前位置當作基準，設定新的位置。
❸ 設定參考點的水平 / 垂直位置(XY)	在特定位置設定參考點。
❹ 設定水平 / 垂直縮放（WH）	設定相對於原始大小的比率，按一下鎖鏈圖示，可以固定長寬比。
❺ 總量	設定配合內容縮放與一般縮放的比例。
❻ 保護	設定成為保護區域的 Alpha 色版。
❼ 保護皮膚色調	保護影像內含有膚色的部分。
❽ ⊘ ✓	取消變形（ ⊘ ）或確定變形（ ✓ ）。

實用的延伸知識！ ▶ 維持「背景」圖層，更改影像尺寸的方法

如果要對「背景」圖層執行「內容感知比率」命令時，請執行「選取→全部」命令，選取全部的影像。
另外，我們無法對智慧型物件（p.128）執行「內容感知比率」命令。

Lesson · 8

Use of Filters.

運用濾鏡

能輕鬆套用特殊效果的優秀功能

這一章要介紹可以對影像套用各種特殊效果的濾鏡。讓我們一起來嘗試使用頻率較高以及能輕鬆完成特殊效果的濾鏡。

8-1 何謂濾鏡

Photoshop 提供了各式各樣的濾鏡（特殊效果）。透過簡單的操作，就能套用在影像上，可以輕鬆改變影像呈現出來的風格。

Photoshop 的濾鏡

濾鏡是套用在影像上的特殊效果總稱。實際上 Photoshop 提供了多達 100 種以上的濾鏡。

執行「濾鏡」命令，檢視選單內容 ❶，可以發現多數濾鏡都按照功能分門別類。例如，執行「濾鏡→風格化」命令，裡面包含了「浮雕」、「曝光過度」、「風動效果」、「尋找邊緣」等 9 種濾鏡。

我們只要準備影像，選取要使用的濾鏡，就可以輕鬆套用各種特殊效果。

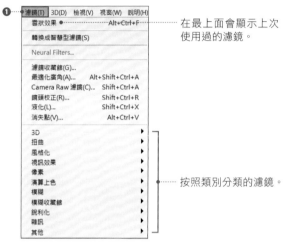

在最上面會顯示上次使用過的濾鏡。

按照類別分類的濾鏡。

套用濾鏡之前

套用濾鏡之前，建議先將目標圖層轉換成智慧型物件（p.128）。轉換之後，即使套用了濾鏡，也可以再次編輯設定，或輕易套用其他濾鏡。

01 在「圖層」面板中，選取目標圖層 ❶，執行「濾鏡→轉換成智慧型濾鏡」命令 ❷。

02 開啟確認對話視窗，按下「確定」鈕 ❸。

03 這樣就能將目標圖層轉換成智慧型濾鏡用的圖層。圖層縮圖的右下方會顯示代表智慧型濾鏡的圖示 ❹。實際套用濾鏡之後，結果如右圖所示 ❺。

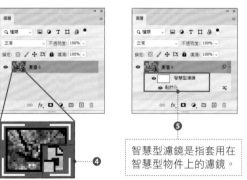

智慧型濾鏡是指套用在智慧型物件上的濾鏡。

🌀 濾鏡的特色

後續會再詳細說明各個濾鏡的具體用法，這裡先介紹幾個濾鏡的特色

☑ 濾鏡可以重疊使用

Photoshop 可以重疊多種濾鏡效果 ❶。只要按照前面的說明，先將圖層轉換成智慧型物件，就能在「圖層」面板保留濾鏡資料。

另外，重疊套用的濾鏡可以利用拖曳方式改變排列順序 ❷。順序改變之後，呈現的結果也會變得不一樣 ❸。

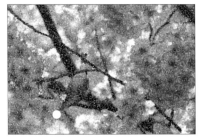

☑ 顯示、隱藏濾鏡

按一下濾鏡名稱左邊的眼睛圖示，可以隱藏濾鏡，暫時關閉效果 ❹。

☑ 刪除濾鏡

將濾鏡拖放至「圖層」面板下方的「刪除圖層」鈕，就能刪除濾鏡 ❺。

☑ 濾鏡會消耗記憶體

部分濾鏡會消耗大量記憶體，假如要套用在高解析度的影像上，必須特別注意。

為了提供足夠的效能，在套用濾鏡之前，建議先執行「編輯→清除記憶」命令 ❻，以確保記憶體的容量。

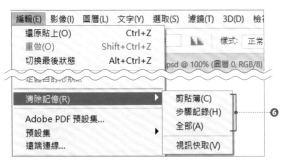

前面說明過的執行「圖層→智慧型物件→轉換為智慧型物件」命令，與這裡介紹的執行「濾鏡→轉換成智慧型濾鏡」命令，都是將圖層轉換成智慧型物件的命令，執行結果一模一樣。一般而言，為了套用濾鏡，而將圖層轉換成智慧型物件時，會使用這個單元介紹的方法。

8-2 銳利化 「遮色片銳利化調整」

Lesson

「遮色片銳利化調整」濾鏡是強調影像邊緣的對比,讓模糊影像變銳利的濾鏡,若想強調影像的邊緣,使用這個濾鏡可以發揮不錯的效果。

「遮色片銳利化調整」濾鏡

「遮色片銳利化調整」濾鏡是強調相鄰像素間的對比,根據「總量」、「強度」、「臨界值」等三項設定,讓影像變銳利的濾鏡。

01 在「圖層」面板中,選取要套用「遮色片銳利化調整」濾鏡的圖層❶,執行「濾鏡→轉換成智慧型濾鏡」命令,把圖層轉換成智慧型物件❷。

> 關於智慧型物件請參考 p.128 的說明。

02 執行「濾鏡→銳利化→遮色片銳利化調整」命令❸,開啟「遮色片銳利化調整」對話視窗,輸入設定值,按下「確定」鈕❹。

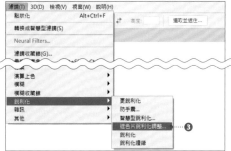

這次設定了以下數值後,再按下「確定」鈕。

▶「總量:150%」
▶「強度:1.0 像素」
▶「臨界值:0 臨界色階」

關於各個項目的說明請參考下一頁的表格。

在預視畫面上長按滑鼠左鍵,可以確認套用銳利化效果前的狀態。在預視畫面中,執行放大、縮小、移動,能確認影像的細節。

03 在選取圖層套用濾鏡效果**❺**。

04 套用濾鏡後，在「圖層」面板中，會將「遮色片銳利化調整」濾鏡的資料當作智慧型濾鏡保留下來**❻**。

05 在「遮色片銳利化調整」濾鏡的名稱上雙按滑鼠左鍵，開啟「遮色片銳利化調整」對話視窗，就可以編輯設定項目。

● **「遮色片銳利化調整」對話視窗的設定項目**

項目	說明
總量	設定像素的對比增加量。高解析度影像設定的參考值為 150 ～ 200%。
強度	設定比較各像素區域的強度。強度愈大，邊緣的效果就愈大。高解析度影像以 1 ～ 2 為參考標準。較低的數值只有邊緣像素會變銳利，較高的數值會讓大範圍的像素變銳利。
臨界值	計算出與周圍像素的差異。超過這個數值，即判斷是銳利化對象的像素。數值設定介於 0 ～ 255 之間，0 會讓整個影像變銳利。

實用的延伸知識！ ▶ **其他銳利化功能**

Photoshop 一共提供了 6 種銳利化濾鏡，讓我們一起來瞭解其他銳利化功能**❶**。

● **其他銳利化類濾鏡**

項目	說明
銳利化	配合選取範圍的焦點變銳利。
更銳利化	比「銳利化」更強烈的銳利化效果。
銳利化邊緣	保留整個影像的平滑度，只有邊緣變銳利。
智慧型銳利化	設定陰影與亮部區域變銳利。
防手震	自動減輕手震程度，讓影像變銳利。

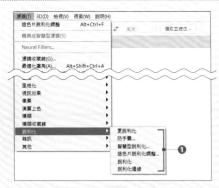

「銳利化」、「更銳利化」、「銳利化邊緣」沒有對話視窗，執行該命令時，就會自動套用濾鏡。

8-3 套用模糊效果 「高斯模糊」

「高斯模糊」濾鏡是模糊選取範圍或整個影像，呈現柔和風格的濾鏡。這種濾鏡也可以用在影像編修上。

🌀 「高斯模糊」濾鏡

「高斯模糊」濾鏡是將相鄰的像素平均之後，讓影像變得比較柔和的濾鏡。模糊類濾鏡有幾種轉換方法「高斯模糊」濾鏡是根據對話視窗設定的「強度」來模糊影像。

01 在「圖層」面板選取要套用濾鏡的圖層 ❶，執行「濾鏡→轉換成智慧型濾鏡」命令，把圖層轉換成智慧型物件（p.128）❷。

02 執行「濾鏡→模糊→高斯模糊」命令 ❸，開啟「高斯模糊」對話視窗，設定「強度」，按下「確定」鈕 ❹。

03 套用濾鏡之後，在「圖層」面板中，會將「高斯模糊」濾鏡的資料當作智慧型濾鏡保留下來 ❺。在濾鏡名稱上雙按滑鼠左鍵，可以開啟「高斯模糊」對話視窗，重新編輯濾鏡效果。

> Photoshop 總共提供 11 種模糊類濾鏡。另外，在「模糊收藏館」當中，也準備了特殊的模糊手法。

8-4 去除細微的灰塵 「污點和刮痕」

「污點和刮痕」濾鏡是利用自動刪除影像內雜訊的方式，快速去除細小灰塵的濾鏡。

◐ 「污點和刮痕」濾鏡

「污點和刮痕」濾鏡是更改沒有類似性的像素，減少雜訊，快速去除細小灰塵的濾鏡。相對來說，這種濾鏡會影響影像的銳利程度，所以在對話視窗內，必須利用「強度」與「臨界值」適當調整。

01 在「圖層」面板選取要套用濾鏡的圖層❶，執行「濾鏡→轉換成智慧型濾鏡」命令，把圖層轉換成智慧型物件（p.128）❷。

02 執行「濾鏡→雜訊→污點和刮痕」命令，開啟「污點和刮痕」對話視窗，輸入設定值，按下「確定」鈕❸。

03 套用濾鏡之後，會把「污點和刮痕」濾鏡的資料當作智慧型濾鏡保留在「圖層」面板中❹。

> 由於這個參考範例在整個影像套用濾鏡，因而影響了鏡頭周圍的文字。關於只在部分影像套用濾鏡的方法，請參考下一頁的說明。

● 「污點和刮痕」對話視窗的設定項目

項目	說明
強度	比較各像素區域的強度，設定介於 1～16 的數值。強度愈大，影像愈模糊，因此請盡量設定成可以去除不要部分的小數值。
臨界值	設定要去除不要部分時，需要更改像素的程度。設定值介於 0～255 之間，設定成 0，整個影像都會成為調整對象，0～128 的設定範圍比較容易控制。

原始影像

套用濾鏡後

Lesson 8 ｜ 運用濾鏡

187

8-5 在部分影像套用濾鏡

到前面為止，都是在整個影像上套用濾鏡，但是利用濾鏡遮色片或選取範圍，可以在某些部分關閉濾鏡效果，或只針對特定範圍套用濾鏡。

🌑 利用濾鏡遮色片

上一頁在整個影像套用了「污點和刮痕」濾鏡（**p.187**），雖然去除了鏡頭上的細小灰塵，卻也影響到影像的銳利度，使得鏡頭周圍的文字變模糊❶。
此時，只要利用濾鏡遮色片，關閉部分範圍的濾鏡效果，就能輕鬆解決這個問題。

🌑 濾鏡遮色片的用法

濾鏡遮色片與前面說明過的圖層遮色片功能相同（**p.132**）。使用「筆刷工具」✏.等繪圖類工具，可以編輯濾鏡的套用範圍。

原始影像　　　　　　　套用「污點和刮痕」濾鏡後

選取之後，縮圖周圍會顯示外框。

01　在「圖層」面板中，按一下選取濾鏡遮色片❶，能讓濾鏡遮色片變成繪圖對象。

02　在工具列中，設定「前景色：黑色」❷，接著選取「筆刷工具」✏.❸，在影像上不想套用濾鏡效果的部分拖曳❹。這個範例是在鏡頭周圍的文字部分拖曳。

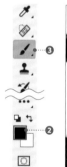

03　如此一來，只有用黑色塗抹的部分不會套用濾鏡效果，恢復成原始狀態❺。

檢視圖層遮色片縮圖，可以確認用黑色塗抹遮色片的部分❻。如果要進行調整，請使用白色塗抹遮色片，即可恢復成套用濾鏡的狀態。

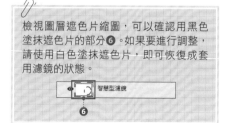

利用選取範圍

假如影像上建立了選取範圍，可以單獨將濾鏡套用在選取範圍內。如果想在部分影像套用濾鏡，利用建立選取範圍的方法，也很方便。

01 在轉換成智慧型物件（p.128）的影像上建立選取範圍❶，這次為了能輕易確認是否套用了濾鏡，而建立了矩形選取範圍。

02 執行「濾鏡→像素→馬賽克」命令，開啟「馬賽克」對話視窗，設定「單元格大小：10」❷，按下「確定」鈕。

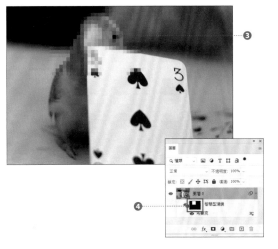

03 只在選取範圍內套用濾鏡，結果如右圖所示❸。
檢視「圖層」面板，可以確認在自動增加的濾鏡遮色片中，選取範圍的狀態變成了遮色片❹。

04 如果要編輯濾鏡的套用範圍，可以按照上一頁說明的內容，在「圖層」面板選取濾鏡遮色片，使用「筆刷工具」✐.等繪圖類工具，以黑～灰～白等顏色描繪。

Lesson 8 ｜ 運用濾鏡

實用的延伸知識！ ▶ **調整濾鏡的套用程度**

看過濾鏡遮色片的用法後，就可以瞭解，濾鏡遮色片與圖層遮色片一樣，能利用黑～灰～白等 256 階的灰階來設定遮色片。例如，使用 50% 灰階塗抹遮色片，可以將濾鏡套用程度減弱 50%❶。
同樣地，在濾鏡遮色片描繪黑白漸層時，可以表現出濾鏡套用程度逐漸變化的效果。不論圖層遮色片或濾鏡遮色片，用法都一樣，請一定要先記住這個基本結構。

套用 50%「馬賽克」濾鏡

8-6 Lesson 濾鏡收藏館

使用濾鏡收藏館，可以一邊預視濾鏡的設定，一邊確認、調整。重疊套用多種濾鏡時，也可以開啟或關閉濾鏡，調整套用順序。

濾鏡收藏館的概要

濾鏡收藏館是能一邊檢視大畫面，一邊套用特殊效果類、繪畫類濾鏡的功能，可以詳細設定各個濾鏡，在套用多種濾鏡時，還可調整套用順序或切換開啟、關閉濾鏡效果。

如果要使用濾鏡收藏館，請執行「濾鏡濾鏡收藏館」命令❶，就會開啟以下畫面。

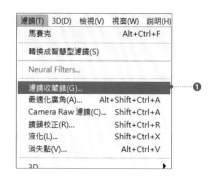

這是套用濾鏡後的預視狀態，當游標移動到影像上，就會變成「手形工具」，可以移動影像。

顯示濾鏡的類型。按一下類型名稱，就會顯示濾鏡縮圖，再按一下濾鏡名稱，右側就會顯示設定選取濾鏡的設定對話視窗。

這是選取濾鏡的設定項目。項目內容會隨著各個濾鏡而改變，按下「確定」鈕，即可在影像套用濾鏡。

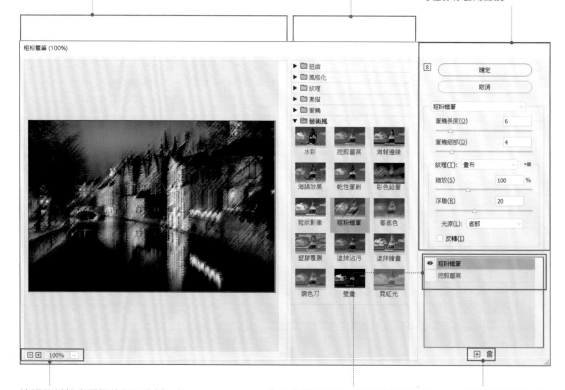

這裡可以設定預視的顯示比例。如果要確認細節，請放大檢視。

套用多種濾鏡時，可以在這裡確認套用順序。另外，拖放濾鏡名稱，能更改排列順序。

這裡可以增加或刪除濾鏡效果。

🎨 套用濾鏡

執行以下步驟，可以使用濾鏡收藏館，在
影像套用濾鏡效果。

01 在「圖層」面板選取要套用濾鏡的
圖層❶，執行「濾鏡→轉換成智慧
型濾鏡」命令，把圖層轉換成智慧
型物件（p.128）❷。

02 執行「濾鏡濾鏡收藏館」命令，開
啟濾鏡收藏館，從畫面中央的濾鏡
類型中，尋找目標濾鏡，再按一下
縮圖❸。

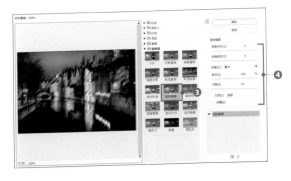

03 畫面左側顯示的是預視狀態，右側
是顯示詳細的設定項目❹。請配合
目標設定各個項目。

04 檢視「圖層」面板，可以確認「濾
鏡收藏館」的資料已經當作智慧型
濾鏡保留下來❺。在「濾鏡收藏館」
雙按滑鼠左鍵，可以再次開啟對話
視窗。

🎨 重疊多種濾鏡

如果要在一張影像上套用多種濾鏡，請按
下「濾鏡收藏館」右下方的「新增效果圖
層」鈕❶。
新增濾鏡時，會增加現有濾鏡❷，請從畫
面中央的濾鏡類型選取其他濾鏡。
拖放濾鏡名稱，可以調整套用濾鏡的順序
❸。
更改之後，影像的狀態也會產生變化。

🌀 濾鏡收藏館的濾鏡清單

以下要利用右圖影像，介紹儲存在濾鏡收藏
館內的濾鏡概要。請對照原始影像，比較兩
者的差異。

原始圖

🌀 藝術風（15 種）－使用藝術技法，將影像編修成繪畫風格

海報邊緣：減少影像的
顏色數量，以描摹般用
黑線畫出邊緣。

挖剪邊緣：製作出像自
然剪下色紙再貼上的影
像。

塗抹沾污：使用短斜線
描繪影像。

海綿效果：模擬使用海
綿繪圖般的效果。

乾性筆刷：使用乾性筆
刷手法（介於水彩與油
彩之間），描繪影像邊
緣。

霓虹光：在影像物件中，
增加各種類型的光彩。

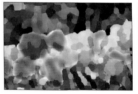

調色刀：減少影像的細
節，加上透出底下紋理
的效果。

壁畫：彷彿輕敲般，以
短圓形重疊塗抹，用粗
糙筆觸描繪影像。

塑膠覆膜：像是用帶有
光澤的塑膠膜覆蓋在影
像上，強調表面的細節。

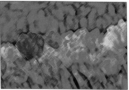

彩色鉛筆：在純色背景
上（使用背景色），加上
使用彩色鉛筆繪製影像
的效果。

水彩：使用含水及顏料
的標準筆刷，描繪出如
水彩畫般的影像。

粗粉臘筆：在套用紋理
的背景中，套用彩色粉
臘筆的筆畫。

著底色：在套用紋理的
背景上描繪影像，最後
將影像覆蓋在上面。

塗抹繪畫：選擇各種大
小、種類的筆刷，加上
如繪畫般的效果。

粒狀影像：在陰影區域
與中間調區域中，套用
均勻的圖樣。

素描（14 種）－加上繪畫風格或 3D 效果

※ 除了濕紙效果，其餘濾鏡在重新描繪時，會使用前景色與背景色。這裡設定「前景色：黑色」、「背景色：白色」。

濕紙效果：製作出彷彿在纖維較長的濕潤紙張上，塗抹顏料的效果。

邊緣撕裂：改變成由撕裂、破碎的紙片形成的結構，並且加上色彩。

畫筆效果：使用纖細的線性墨水筆畫，描繪原始影像的細節。

蠟筆紋理：呈現出猶如蠟筆畫般的濃密白色紋理。

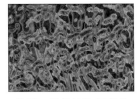

銘黃：描繪彷彿磨光影像的銘黃表面。

拓印：加上拷貝影像般的效果。

印章效果：簡化影像，看起來像用橡皮印章或木製印章製作而成。最適合黑白影像。

粉筆和炭筆：使用中間調灰色的粗筆觸，描繪亮部與中間調，陰影以黑色斜線畫出炭筆畫的效果。

網狀效果：模擬薄膜的收縮與變形效果。

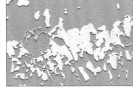

便條紙張效果：加上以手製紙張製作而成的感覺。

網屏圖樣：模擬使用半色調網屏的效果。

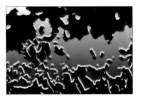

石膏效果：製作出以立體石膏為影像鑄模，並在成型的影像加上色彩的效果。

立體浮雕：將影像變形成淺浮雕，並且強調表面的變化。

炭筆：營造出經過色調分離處理的塗抹效果。

紋理（6 種）－營造材質感

裂縫紋理：製作出細緻的裂縫效果。

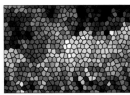

彩繪玻璃：重新描繪有著前景色輪廓的連續單色單位。

紋理化：套用選取的紋理。

拼貼：將影像分割成四角形，以其中最常使用的顏色塗抹。

嵌磚效果：描繪像用磁磚構成的影像，在嵌磚之間增加縫隙。

粒狀紋理：套用顆粒狀的紋理。

🔘 筆觸（8種）－利用筆刷或墨水的特性，編修成繪畫風格

油墨外框：利用畫筆及墨水，清楚勾勒出影像細節。

強調邊緣：利用控制邊緣亮度的設定值，強調影像的邊緣。

噴灑：使用影像內的主要顏色，營造出加上角度噴灑的繪畫效果。

變暗筆觸：使用短且無縫隙的筆觸描繪陰影部分，以較長的白色筆觸描繪明亮部分。

角度筆觸：利用斜角筆觸繪圖。

潑濺：利用空氣筆刷加上顏料飛濺般的效果。

墨繪：營造出使用含有大量墨水的筆刷，在宣紙上作畫的效果。

交叉底紋：像使用鉛筆加上線條陰影般，加粗彩色部分的邊緣。

🔘 風格化　　　🔘 扭曲（3種）－加上變形、3D 效果

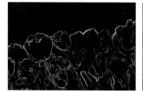

邊緣亮光化：分析彩色邊緣，加上霓虹般的亮光。

玻璃效果：加上透過各種玻璃看到影像的效果。

海浪效果：在影像表面加上波紋，製造出看見水面下影像的效果。

擴散光量：描繪出透過柔和擴散濾鏡檢視般的影像。

實用的延伸知識！ ▶ **顯示「濾鏡」選單的類型**

在預設狀態下，收藏在濾鏡收藏館的濾鏡無法從「濾鏡」選單中選擇類型。不過，只要執行「編輯（Mac 是 Photoshop）→偏好設定→增效模組」命令，開啟「偏好設定」對話視窗，勾選「顯示全部濾鏡收藏館群組和名稱」，就可以直接選取濾鏡收藏館中的濾鏡❶

Lesson · 9

Text, Path, Shape.

文字、路徑、形狀

瞭解 Photoshop 的向量功能

這一章要說明輸入、編輯文字，以及路徑
與形狀。基本上，Photoshop 的處理對象
都是點陣影像，但是瞭解向量影像的處理
方法也很重要。

9-1 輸入與編輯文字

使用文字類工具輸入文字之後,就會自動建立文字圖層。閱讀以下操作時,請注意文字圖層與之前說明的影像圖層差異。

🍰 輸入文字的工具

Photoshop 提供了以下輸入文字的工具❶。

▶「**水平文字工具**」 T.
▶「**垂直文字工具**」 IT.

本書主要使用「水平工具工具」 T.來進行說明,兩者的操作方法皆相同。

此外,Photoshop 還提供以下建立文字形狀選取範圍的工具❷。

▶「**水平文字遮色片工具**」 T.
▶「**垂直文字遮色片工具**」 IT.

使用這些工具可以建立文字形狀的選取範圍❸。

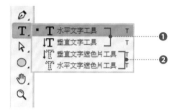

🍰 文字輸入與文字圖層

使用上述工具,在影像上輸入文字後,就會自動建立文字圖層❶。輸入文字之後,在「圖層」面板的縮圖上雙按滑鼠左鍵,能切換到編輯模式,輕易修改文字內容。

利用「字元」面板與「段落」面板,可以設定輸入文字的字體、字距、間距,這點後面會再詳細說明。這些面板與文字輸入有密切關係,請先一併記下來。

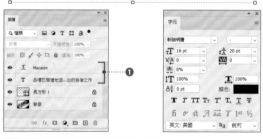

利用「字元」面板與「段落」面板,可以進行與文字有關的各種設定。

🌀 輸入文字

請實際輸入文字。

01　選取工具列中的「水平文字工具」T.
　　❶，設定選項列的各個項目❷（請參
　　考下表）。

輸入文字的基本設定是在選項列上進行，更詳細的設
定要在「字元」面板或「段落」面板中操作（p.193）。

02　在影像上按一下❸，游標就會呈現閃
　　爍狀態，接著使用鍵盤輸入文字❹。

03　輸入文字之後，按下選項列的 ✓ 鈕
　　❺，或選取工具列中的「移動工具」
　　⊹.，確定輸入，就會在「圖層」面板
　　自動建立文字圖層❻。
　　輸入文字後，在縮圖上雙按滑鼠左鍵
　　❼，就會切換成編輯模式❽，可以更
　　改選項列的設定及輸入內容。

● 文字工具的選項列

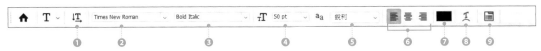

● 文字工具的選項列設定項目

項目	說明
❶ 切換文字方向	更改文字的輸入方向（水平或垂直）。
❷ 字體	設定使用的字型（字體）。
❸ 字體樣式	設定字體的粗細，若該種字體只有一種粗細時，就無法更改。
❹ 字體大小	設定文字的大小。
❺ 消除鋸齒	設定文字邊緣的平滑度。但是讓當作網路素材用的文字變平滑，可能變得模糊，要特別注意。一般會選取「銳利」。
❻ 對齊	設定對齊方式。
❼ 顏色	設定文字的顏色。
❽ 建立彎曲文字	在文字加上彎曲變形效果（p.202）。
❾ 切換字元和段落面板	按一下就能切換顯示或隱藏「文字」面板或「段落」面板。使用這些面板，可以進行詳細的文字設定。

🌀 文字的輸入方法

輸入文字的方法有以下三種。

☑ 錨點文字

錨點文字是指不換行橫書時，文字往水平方向延伸，直書時，文字往垂直方向延伸的輸入方法。上一頁輸入的就是錨點文字。這種方法適合標題、標語等簡短句子❶。

☑ 段落文字（區域內的文字）

段落文字是指當文字輸入到設定文字範圍的末端時，就會自動換行的方法。在畫面上，使用文字類工具拖曳，可以設定文字範圍❷，輸入文字❸。這是適合內容較長的輸入方法。

假如沒有完全顯示區域內的所有文字，文字區域右下角會出現「＋」標誌❹。只要操作控制點，就可調整文字區域的大小❺。

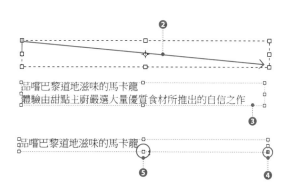

☑ 路徑上的文字

路徑上的文字是指順著路徑（**p.204**）的形狀，輸入文字的方法❻，當游標閃爍時❼，在曲線路徑上輸入文字，就能呈現律動感，可以當作視覺焦點。

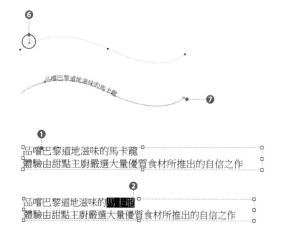

🌀 編輯文字

如果要編輯輸入的文字，使用文字工具按一下文字❶，當游標閃爍時，拖曳選取或利用鍵盤，就能編輯文字❷。

🌀 移動文字

使用「移動工具」可以移動文字❶。在「移動工具」的選項列設定「選取群組或圖層：圖層」❷，就能按照直覺操作移動文字❸。

198

🐌 「字元」面板

「字元」面板或「段落」面板可以進行輸入
文字的詳細設定，以下先說明「字元」面板。
「字元」面板能設定以下項目。先在「圖層」
面板選取文字圖層，或使用文字工具選取部
分文字後，再設定各個項目。

在「字元」面板的面板選單❶執行「重設字元」
命令，就能讓面板恢復預設值。

● 「字元」面板的設定項目

項目	說明
❶ 搜尋並選取字體	設定使用的字型（字體）。
❷ 設定字體樣式	設定字體的粗細，若字體只有一種粗細時，就無法更改。
❸ 設定字體大小	設定文字的大小。
❹ 設定行距	設定每行之間的間隔。預設（自動）值是字體大小的 175%。例如，文字為 10pt，就變成 17.5pt。
❺ 設定兩個字元之間的字距微調	調整特定文字之間的間隔。將游標插入文字之間，進行調整。
❻ 設定選取字元的字距調整	調整選取字串的間隔。一律調整選取字串的所有字距。
❼ 設定選取字元的比例間距	以設定的比例調整文字周圍的空格。
❽ 垂直縮放	設定文字高度的縮放比例。
❾ 水平縮放	設定文字寬度的縮放比例。
❿ 設定基線位移	設定文字的基線，一般先維持 0pt。
⓫ 顏色	設定文字的顏色。
⓬ 文字的裝飾	自左起為「仿粗體」、「仿斜體」、「全部大寫字」、「小型大寫字」、「上標」、「下標」、「底線」、「刪除線」。選取文字後，就能按下各個按鈕。
⓭ OpenType 功能	進行與 OpenType 字型相關的設定，如連字、花飾字、分數字等。
⓮ 設定選取之連字符號和拼字字元所用的語言	設定連字符號或拼字字元時，成為基準的語言。
⓯ 設定消除鋸齒的方法	設定文字邊緣的平滑程度。但是網頁素材文字若變平滑，看起來會散開，必須特別留意，一般會選擇「銳利」。

> **實用的延伸知識！** ▶ **字距微調與字距調整**

字距微調與字距調整是調整文字間隔的功能，但是設定方法不太一樣，請
特別注意。字距微調是調整「特定文字之間的間隔」，所以必須將游標插
入文字之間，進行設定❶。然而，字距調整是調整「選取字串」的功能，
針對目標字串，設定統一的字距。

另外，利用快速鍵來設定字距比較方便。若要進行字距微調，請將游標插
入文字之間，按住 Alt（option）鍵不放，按下←鍵縮小，按下→鍵加寬。
如果是字距調整，在選取字串的狀態，使用同樣的快速鍵就可以調整。

「段落」面板

在「段落」面板可以設定文字物件的對齊、縮排、段落前後間距等項目。

此外，在面板下面還有關於避頭尾組合與文字間距組合等項目的設定。

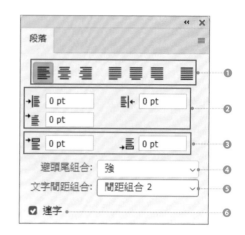

「字元」面板及「段落」面板的設定，即使沒有切換成文字編輯模式，只要選取文字圖層，就可以套用。

● 「段落」面板的設定項目

項目	說明
❶ 對齊	設定文字物件的對齊方式。
❷ 縮排	設定文字區域的邊界與文字間距。
❸ 段落前後間距	設定段落的間距。可以設定段落前與段落後的間距。
❹ 避頭尾組合	避頭尾組合是指避免在行頭出現「。」或「、」等標點符號，或在行末出現「（」這種前括弧，而會自動調整文字間距組合的功能。設定成「強」或「弱」時，在 Photoshop 就不會在行頭或行尾出現已儲存的避頭尾文字。
❺ 文字間距組合	設定調整中文內容中，使用的中英文字或標點符號（逗句點或括弧）等間距。
❻ 連字	勾選之後，將根據「字元」面板中的語言設定來設定連字。

實用的延伸知識！ ▷ **行距的預設值**

預設狀態的自動行距設定為「字體大小的 175%」。如果要調整這個設定值，請在「段落」面板選單執行「齊行」命令❶，開啟對話視窗，在「自動行距」設定數值❷。

一般而言，標題或標語等文字較少的部分設定為 120%，而本文等文字量較多的部分設定為 150% ～ 200%，這樣可以讓文章的可讀性變得比較好。

點陣化文字

部分 Photoshop 提供的功能無法套用在文字圖層上，如濾鏡、繪圖類工具等。假如要使用這些功能，必須先將文字點陣化。

點陣化是指把屬於向量影像的文字轉換成點陣影像。經過點陣化之後，文字圖層會變成一般圖層，就能執行 Photoshop 所有功能。但點陣化後就無法編輯文字了，例如調整字體或間距，請特別注意這一點。

如果要將文字圖層點陣化，請選取「圖層」面板中的文字圖層❶，執行「文字→點陣化文字圖層」命令❷。

如此一來，文字圖層就會點陣化，轉換成一般圖層❸。

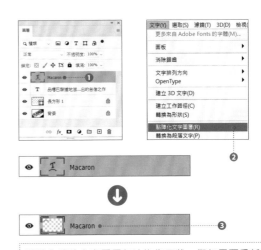

點陣化後的文字圖層無法恢復原狀，假如需要重新編輯，請先把文字圖層拷貝起來。

轉換成工作用路徑或形狀

文字圖層可以轉換成工作路徑（p.205）或形狀。

如果要製作工作路徑，請執行「文字→建立工作路徑」命令❶，就能在「路徑」面板建立工作路徑❷。

若要轉換成形狀，請執行「文字→轉換為形狀」命令❸，文字圖層會變成形狀圖層，在「圖層」面板建立形狀路徑❹。

實用的延伸知識！ ▶ **相互轉換錨點文字與段落文字**

前面說明過輸入文字的方法包括錨點文字與段落文字（p.198）。這兩種文字輸入之後可以互相轉換。

執行「文字→轉換為段落文字」命令，或執行「文字→轉換為錨點文字」命令，就可以更改❶❷。

在游標沒有插入文字物件內的狀態下，選取文字圖層，執行這個命令之後，就能輕鬆切換錨點文字與段落文字。如果將溢位的段落文字轉換成錨點文字，溢位的文字會被刪除，因此在轉換之前，請先確認清楚。

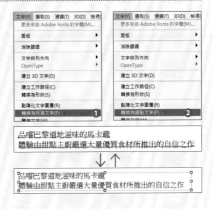

Lesson 9-2 變形文字

使用「彎曲文字」功能，就能用簡單的操作步驟，將輸入完成的文字變形成各種形狀。變更之後，可以反覆修改，所以能一邊嘗試，一邊進行操作。

「彎曲文字」功能

使用「彎曲文字」功能，可以將輸入完成的字串變形成各種形狀（樣式）。Photoshop 共提供了 15 種樣式。

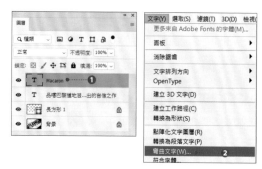

01 在「圖層」面板選取文字圖層❶，執行「文字→彎曲文字」命令❷。

02 開啟「彎曲文字」對話視窗，設定各個項目。這次設定了「樣式：拱形」❸、「水平」、「彎曲：20%」❹，再按下「確定」鈕❺。

03 選取的文字就會套用變形效果❻，同時「圖層」面板中的文字圖層縮圖會顯示成套用了彎曲後的狀態❼。

樣式是指彎曲的形狀。一開始先設定樣式，接著設定彎曲方向為水平或垂直。在「彎曲文字」功能中，畫面上的文字將會即時更改，請實際選取各種樣式，確認產生的變化。

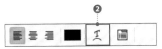

🎨 編輯彎曲文字

彎曲文字的設定會保留下來,所以套用彎曲之後,隨時都可以更改。

01 如果要更改設定,請在「圖層」面板的文字圖層縮圖上雙按滑鼠左鍵,切換成編輯模式❶,按下選項列的「建立彎曲文字」❷。

02 開啟「彎曲文字」對話視窗,更改各個項目。如果要關閉彎曲效果(恢復原狀),請選擇「樣式:無」❸。

弧形

下弧形

上弧形

拱形

凸出

凹殼

凸殼

標幟

波形效果

魚

上升

魚眼

膨脹

擠壓

螺旋狀

9-3 形狀與路徑的基本技巧

形狀或路徑都是 Photoshop 可以處理的向量影像之一。在 Photoshop 描繪插圖或圖樣，建立裁切影像（剪裁路徑）時，會使用形狀或路徑。

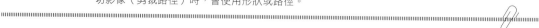

形狀與路徑

形狀是指可以在填滿或筆畫套用顏色、漸層、圖樣的圖形，而路徑是指使用「筆型工具」 ⌀.或「矩形工具」 ▢.等畫出來的線條物件。形狀的輪廓線也是一種路徑。路徑是用「貝茲曲線」的繪圖方式描繪而成。

Photoshop 主要處理的是由像素構成的點陣影像，但是形狀與路徑是向量影像。向量影像不用依靠解析度，即使放大或縮小，仍然可以保持邊緣的平滑度。利用這個優點，在 Photoshop 中可以進行各種處理。

路徑的結構

路徑是由「錨點」、「線段」以及「方向線」、「方向點」等四個元素構成。
線段包含直線線段與曲線線段。只要按一下，就可以畫出直線，但是曲線必須拖曳出方向線來繪圖（後續會詳細說明）。
此外，路徑包括「開放路徑」與「封閉路徑」兩種。開放路徑是指路徑兩端個別存在的路徑，而封閉路徑是像矩形或圓形這種形成封閉狀態的路徑。

描繪與編輯路徑

使用「直線工具」 ╱.、「矩形工具」 ▢.、「橢圓工具」 ◯.等可以繪製路徑。若要繪製任意形狀的路徑，可以使用靈活度較高的「筆型工具」 ⌀.。
使用「直接選取工具」 ▸.，選取錨點或線段再編輯，就能隨意更改形狀。取消路徑的選取狀態後，方向線與方向點就會隱藏起來，只要選取錨點即可重新顯示。

形狀

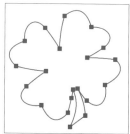

路徑

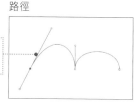

可以更改路徑的粗細與顏色。

路徑

錨點（點）
線段（線）

直線線段

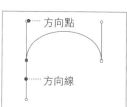

方向點
方向線

曲線線段

開放路徑

封閉路徑

使用上述各種工具能繪製路徑。建立路徑之後，可以仔細更改、調整所有元素，包括新增、刪除錨點，或調整方向線的長度。路徑屬於向量影像，即使放大或縮小，影像品質也不會變差。

🌑 形狀的基本概念與用途

如果要描繪形狀，可以在「筆型工具」 ⌀. 或「矩形工具」 □. 等形狀類工具的選項列，將模式設定為「形狀」 ❶。

繪製形狀後，在「圖層」面板會建立「形狀」圖層 ❷。在「形狀」圖層縮圖上雙按滑鼠左鍵 ❸，可以開啟「檢色器（純色）」對話視窗，繪圖後也能改變顏色。

此外，在「路徑」面板中，會建立定義形狀輪廓線的向量形狀路徑 ❹。

繪製的形狀不僅可以當成構成影像合成的一部分，也能當作圖樣（**p.216**）的原圖使用。

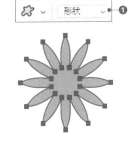
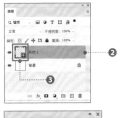

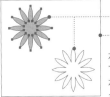

路徑元件
路徑
在選取路徑的狀態下，繼續繪圖，可以在一個路徑內，繪製多個路徑元件。

這是置入形狀當作視覺重點的範例。

這是利用形狀製作圖樣的範例。

🌑 路徑的用途

如果要繪製路徑，請在「筆型工具」 ⌀. 或「矩形工具」 □. 等形狀類工具的選項列中，將模式設定為「路徑」 ❶。

描繪路徑之後，在「路徑」面板中會出現「工作路徑」 ❷。工作路徑是暫時的，請先儲存成路徑（**p.103**）。

畫好的路徑可以運用在以下情況。

▸ **轉換成選取範圍**（p.103）
▸ **製作去背影像**（p.210）
▸ **當作向量遮色片的遮色片物件**（p.138）
▸ **可以使用路徑填滿上色**（p.211）
▸ **可以使用路徑描繪邊緣**（p.212）

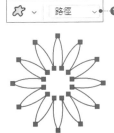

這是轉換成選取範圍的範例。

這是描繪邊緣的範例。

如上面說明過，路徑的應用範圍非常廣泛，只要先掌握基本原則，就可以運用在各種場合。路徑的基本畫法與用法都一樣，請務必利用此單元學會基本技巧。選取範圍→轉換成路徑、路徑→轉換成選取範圍、使用路徑製作去背影像等，都是常用的功能之一。

9-4 路徑繪圖與「筆型工具」

使用「筆型工具」時,可以隨意繪製各種路徑及形狀。假如要進行高品質的影像合成,必須先瞭解路徑的結構,再善用「筆型工具」。

「筆型工具」 的概要

「筆型工具」是繪製路徑的工具。若要繪製路徑,請選取工具列中的「筆型工具」❶,先在選項列選取「模式:路徑」❷。在此狀態下,於影像上拖曳再放開,就能配合操作,畫出路徑。下一頁將會說明關於直線與曲線的畫法。

「筆型工具」的選項列除了設定模式之外,還可以設定其他項目。

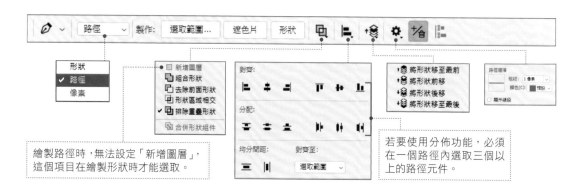

繪製路徑時,無法設定「新增圖層」,這個項目在繪製形狀時才能選取。

若要使用分佈功能,必須在一個路徑內選取三個以上的路徑元件。

● 「筆型工具」的選項列(假設是「模式:路徑」)

項目	說明
檢色工具模式	配合繪圖目的,設定「形狀」或「路徑」。另外,選項中還包括「像素」,但是「筆型工具」的選項列無法選擇這個選項。
製作	設定繪製路徑後的操作。運用路徑時,可以使用 ·「選取範圍」:將路徑轉換成選取範圍。 ·「遮色片」:使用路徑製作向量遮色片。 ·「形狀」:使用路徑製作形狀。
路徑操作	設定在一個路徑內多個路徑元件的合成方法。
路徑對齊方式	設定在一個路徑內多個路徑元件的對齊、分佈方法。
路徑安排	設定在一個路徑內多個路徑元件的排列順序。
設定其他筆和路徑選項	·設定路徑的粗細及顏色。 ·設定開啟或關閉「顯示線段」功能(預視線段功能)。
超出路徑時自動增加或刪除點	如果要自動增加或刪除錨點,請使用這個項目。

※ 設定「模式:形狀」的選項列説明請參考 **p.216**。

🌓 「筆型工具」 ✐.的基本操作

想要隨心所欲操控「筆型工具」 ✐.，必須要經過一段時間的練習。以下整理了（1）～（4）等四種線段繪製方法及錨點，請循序漸進地學習。

🌓 （1）繪製直線

如果要畫出直線，就在畫面上按一下。一開始按下滑鼠左鍵時，只會建立一個錨點❶，從第二次開始，每按一下就會建立錨點，並畫出直線❷。

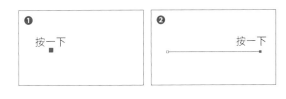

🌓 （2）繪製曲線

如果要畫出曲線，就在畫面上拖曳❶，錨點會產生方向線與控制方向線的方向點。

從第二次開始，每次拖曳時，就會由兩點之間的錨點位置，以及各錨點的方向線長度與角度決定曲線的狀態❷。

此外，拖曳方向點可以控制方向線的長度或角度，因此完成之後，隨時都可以編輯，在繪圖時，不用一次就要描繪到位（p.203）。

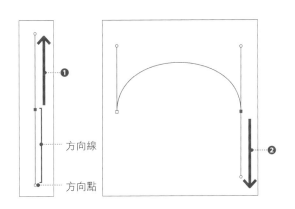

🌓 （3）直線連接曲線／曲線連接直線

執行以下步驟，可以繪製直線連接曲線／曲線連接直線的狀態。這個步驟的重點在於，必須判斷是否需要連接直線與曲線錨點的方向線。

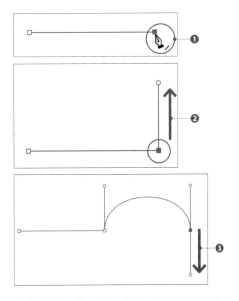

---

01 描繪直線後，將游標移動到錨點上，右下角就會顯示「/」標誌❶，代表這裡是路徑的端點。

02 這裡若要變成曲線，就需要方向線，因此往錨點上方拖曳❷，產生方向線。接著拖曳到其他地方❸，即可畫出直線變成曲線的路徑。

Lesson 9 | 文字、路徑、形狀

實用的延伸知識！ ▶ 「創意筆工具」及「曲線筆工具」

使用「創意筆工具」能以拖曳方式手繪出路徑，而使用「曲線筆工具」只要按一下新增錨點，就能繪製連接各個錨點的曲線。

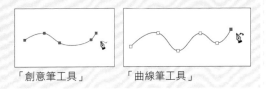

「創意筆工具」　　　　「曲線筆工具」

另外，執行以下步驟，可以繪製由曲線變成直線的路徑。

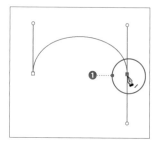

01　繪製曲線後，將游標移動到錨點上，右下方就會顯示「/」標誌❶，代表這個地方是路徑的端點。

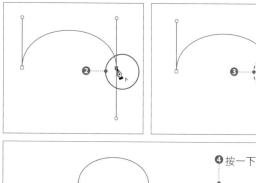

02　從這裡開始要變成直線，所以不需要方向線。在此狀態下，按住 Alt（option）鍵不放，右下角會出現「▶」標誌❷，在錨點上按一下，方向線就會消失❸。

03　接著按一下，即可畫出由曲線變成直線的路徑❹。

❹ 按一下

🌀（4）兩個連續的曲線

依照以下步驟，可以繪製兩個連續的曲線。這個步驟的重點是，必須改變連接曲線的錨點方向線與方向。

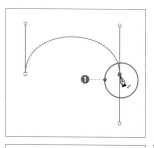

01　繪製曲線後，將游標移動到錨點上，右下角會顯示「/」標誌❶，代表這裡是路徑的端點。

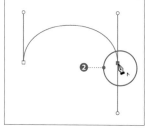
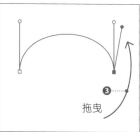

02　若要從這裡開始畫出連續的曲線，就必須改變方向線的方向。按住 Alt（option）鍵不放，右下角會出現「▶」標誌❷，拖曳錨點，即可改變方向線的方向❸。

拖曳

03　接著拖曳滑鼠，即可畫出曲線相連的路徑❹。

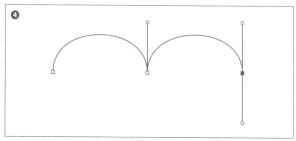

請認真練習以上四種路徑畫法。想要運用「筆型工具」 ✎．繪製出想要的路徑，必須瞭解理論再加上練習才能熟練。掌握上述的重點之後，請試著進行各種操作，確認可以畫出何種路徑。

🌀 結束繪製路徑的方法

如果是開放路徑，在繪圖中按下 Ctrl（⌘）
鍵，游標會暫時切換成「直接選取工具」
❶，在此狀態下，於其他地方按一下，就能
結束繪製路徑。

若是封閉路徑，將游標移動到路徑的起點，
游標的右下方會顯示〇標誌❷，在此狀態按
一下即可結束。

🌀 繪圖後的路徑編輯

☑ 路徑的狀態

如果要編輯路徑，必須先瞭解錨點的狀態。
錨點分成「選取狀態」與「未選取狀態」兩
種（請參考右圖）。請先記住，移動錨點或方
向點時，必須先選取目標錨點。

☑ 調整錨點或方向線

若要移動路徑的錨點，請使用「直接選取工
具」選取錨點再拖曳❶，就可以移動錨點
❷。拖曳方向點能調整方向線的長度與角度。

☑ 新增或刪除錨點

使用「增加錨點工具」在線段上按一下❸，
能在該處新增錨點❹。另外，使用「刪除錨點
工具」在線段上按一下，可以刪除錨點。

☑ 切換錨點

使用「轉換錨點工具」，可以將錨點從轉
角控制點變成平滑控制點或反向切換。
使用「轉換錨點工具」拖曳轉角控制點❺，
會切換成平滑控制點❻；按一下平滑控制點
❼，即可切換成轉角控制點❽。

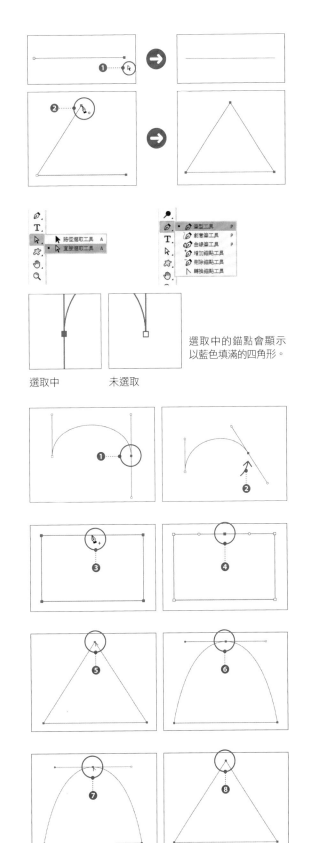

選取中的錨點會顯示
以藍色填滿的四角形。

選取中　　　　未選取

將選取範圍轉換成路徑

Lesson 9-5

利用選取範圍也可以製作路徑,輕鬆畫出「筆型工具」或其他形狀類工具無法繪製的複雜形狀路徑。

利用選取範圍建立路徑

執行以下步驟,可以將選取範圍轉換成路徑。

01 在影像上建立選取範圍❶,按住 Alt（option）鍵不放,再按下「路徑」面板下方的「從選取範圍建立工作路徑」鈕❷。

02 開啟「製作工作路徑」對話視窗,「容許度」設定為 0.5 ～ 10 像素❸,按下「確定」鈕❹。

03 選取範圍就會轉換成路徑❺,並且在「路徑」面板建立工作路徑❻。

04 工作路徑是暫時性的路徑,檔案關閉後就會消失,因此請先在「路徑」面板中的「工作路徑」上雙按滑鼠左鍵,開啟「儲存路徑」對話視窗❼,再按下「確定」鈕,將路徑儲存下來❽。

與這個單元相反,將路徑轉換成選取範圍的方法請參考 p.103。

實用的延伸知識！ ▶ **製作去背影像**

如果要製作去背影像,請在「路徑」面板選取路徑❶,執行面板選單的「剪裁路徑」命令❷,在開啟的對話視窗中設定路徑❸。

將這個檔案儲存成 EPS 格式（p.24）,置入 Illustrator 或 InDesign 等文件中,可以單獨顯示路徑,路徑以外的部分變成透明。

Lesson 9-6 利用路徑填滿影像

使用「路徑」面板下方的「以前景色填滿路徑」功能，可以輕鬆利用路徑的形狀填滿影像。

以路徑形狀填滿影像

執行以下步驟，利用路徑形狀填滿影像。

01 按下「圖層」面板下方的「建立新圖層」鈕❶，建立填滿用的圖層❷。接著設定工具列下方的「前景色」❸。

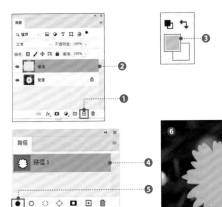

02 在「路徑」面板選取路徑 ❹，按下面板下方的「以前景色填滿路徑」鈕❺，就能用「前景色」填滿路徑❻。

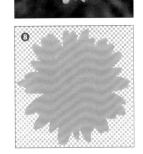

03 在「圖層」面板單獨顯示剛才新增的圖層❼，就能確認完成結果❽。

按住 Alt（option）鍵不放，再按下「以前景色填滿路徑」鈕，開啟「填滿路徑」對話視窗，即可進行與填滿相關的詳細設定。

實用的延伸知識！ ▶ 與「填滿」對話視窗做比較

基本上，上述的「填滿路徑」對話視窗與執行「編輯→填滿」命令開啟的「填滿」對話視窗有著一樣的功能。但是在「填滿路徑」對話視窗中，可以設定「羽化強度」，所以能模糊路徑邊緣後再填滿。

9-7 描繪路徑邊緣

利用「使用筆刷繪製路徑」功能，可以沿著路徑套用筆刷。將各種形狀的路徑與筆刷組合在一起，增加影像的表現力。

設定筆刷並套用在路徑上

一開始先繪製要套用筆刷的路徑。關於繪製路徑的方法請參考 p.205。以下將右圖的路徑為例，說明操作步驟❶。

❶

> 右圖的路徑可以利用儲存在 Photoshop 形狀資料庫內的形狀輕易描繪。選取工具列中的「自訂形狀工具」，接著開啟「形狀」面板，執行「舊版形狀和更多」命令，加入舊版形狀。選取「裝飾字」中的「裝飾 5」（p.216）

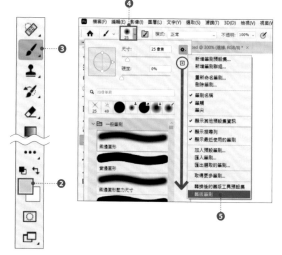

01 設定套用在路徑上的筆刷。在工具列設定前景色之後❷，再選取「筆刷工具」 ✐ ❸。

02 在選項列中，顯示筆刷預設揀選器❹，選取筆刷。在預設狀態下，筆刷的形狀比較少，所以這次在筆刷資料庫中，執行「舊版筆刷」命令❺，並按下對話視窗中的「確定」鈕❻。

03 從這次加入的筆刷中，選取「舊版筆刷→各類筆刷→交叉底紋 1」❼，設定「尺寸：25 像素」❽。

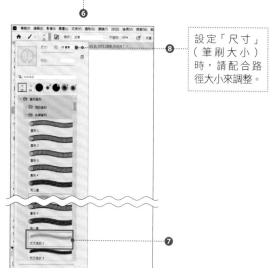

> 設定「尺寸」（筆刷大小）時，請配合路徑大小來調整。

04 按下「圖層」面板下方的「建立新圖層」鈕**❾**，增加新的圖層（p.115），圖層名稱命名為「邊緣」，接著按一下選取新增的圖層**❿**。

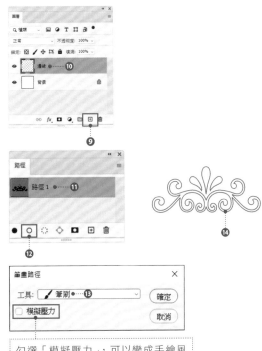

05 在「路徑」面板選取要套用筆刷的路徑**⓫**，接著按住 Alt（option）鍵不放，並按下下方的「使用筆刷繪製路徑」鈕**⓬**。

06 開啟「筆畫路徑」對話視窗，選取「工具：筆刷」**⓭**，按下「確定」鈕，就會在路徑邊緣套用筆刷**⓮**。

> 勾選「模擬壓力」，可以變成手繪風格，取消勾選，會變成線狀且平均的筆刷筆畫。

07 在「路徑」面板中的空白區域按一下，取消路徑選取狀態**⓯**，確認完成結果**⓰**。為了方便各位能輕易瞭解繪圖結果，在下方建立了黑色的色彩填色圖層**⓱**（p.124）。

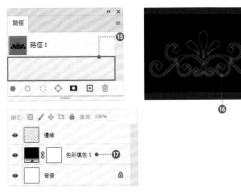

實用的延伸知識！ ▶ **其他工具**

在「筆畫路徑」對話視窗的「工具」項目中，除了「筆刷」之外，還可以設定其他工具**❶**大部分都是設定成「筆刷」或「鉛筆」。

另外，不要按住 Alt（option）鍵，直接按下「使用筆刷繪製路徑」鈕，會使用工具列中正在選取的工具來繪製路徑。

9-8 定義自訂形狀

使用「筆型工具」描繪路徑,或從選取範圍轉換成路徑,都可以定義成「自訂形狀」。定義之後,可以在形狀預設揀選器中選取。

定義成自訂形狀

自訂形狀是箭頭、心型、信封等複雜形狀的形狀總稱。在 Photoshop 已經事先儲存了許多自訂形狀。

執行以下步驟,可以把畫好的路徑定義成自訂形狀。

01 在「路徑」面板選取路徑 ❶,執行「編輯→定義自訂形狀」命令 ❷。

02 開啟「形狀名稱」對話視窗,設定自訂形狀的名稱 ❸,按下「確定」鈕,完成定義。

03 定義完成的自訂形狀可以在「自訂形狀工具」選項列中的「自訂形狀揀選器」選取 ❹❺。選取形狀,在畫面上拖曳,使用定義的形狀可以繪製形狀或路徑。

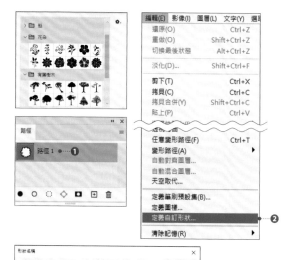

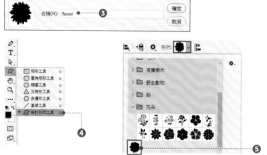

實用的延伸知識! ▶ 儲存形狀與載入形狀

假如想在別台電腦上使用已經定義的形狀,或傳給別人時,在「形狀」的選單中,執行「轉存選取的形狀」命令 ❶,儲存成形狀檔案(.csh 檔案)❷。若將儲存位置設定在「Custom Shapes」,重新啟動 Photoshop 時,就會顯示在自訂形狀資料庫清單中。假如要傳給別人,最好儲存在桌面。

如果要載入形狀檔案,可以執行「載入形狀」命令 ❸。(上述操作適用於 2019 之前的版本)

運用 Illustrator 的路徑

Lesson 9-9

用路徑繪製的向量影像是 Adobe Illustrator 的專長。在 Photoshop 可以匯入用 Illustrator 繪製的路徑。

匯入 Illustrator 的路徑

執行以下步驟，可以將 Adobe Illustrator 繪製的路徑匯入 Photoshop。

01 啟動 Illustrator，選取文件上的路徑 ❶，執行「編輯→拷貝」命令 ❷。

02 接著切換成 Photoshop，執行「編輯 →貼上」命令 ❸，開啟「貼上」對話視窗。

03 設定「貼上為」的選項 ❹，按下「確定」鈕（請參考下表）。這次選取了「智慧型物件」。

04 這樣就能把 Illustrator 的路徑當作智慧型物件匯入 Photoshop ❺。檢視「圖層」面板，即可確認這個部分 ❻。

假如要改變顏色或形狀，在圖層縮圖上雙按滑鼠左鍵，就能編輯原本的 Illustrator 資料。儲存後關閉，回到 Photoshop 中，就會更新資料。

> 成為連結來源的 Illustrator 文件將會連到 Photoshop 的智慧型物件內，不會成為一般可見的檔案。

Lesson 9 ｜ 文字、路徑、形狀

● 「貼上」對話視窗的貼上為

項目	說明
智慧型物件	將路徑當作智慧型物件（p.128）貼上，在「圖層」面板中，會建立「向量智慧型物件」。
像素	把路徑當作像素（點陣影像）貼上。
路徑	當作路徑貼上。進行路徑編輯（p.209）或定義自訂形狀（p.214）。
形狀圖層	把路徑當作形狀圖層貼上，在「圖層」中，建立「形狀」圖層。

9-10 定義圖樣與繪圖

只要把形狀定義成圖樣，就可以使用 Photoshop 中，與圖樣有關的功能（例如：填滿圖層的「圖樣」等），在自訂圖樣時，非常方便。

把形狀定義成圖樣

執行以下步驟，可以把繪製的形狀定義成圖樣。

01 建立定義用的檔案。執行「檔案→開新檔案」命令，開啟「新增文件」對話視窗，按照右圖設定各個項目❶，按下「確定」鈕，建立檔案❷。

設定「背景內容：透明」，建立新檔案時，在「圖層」面板會顯示成一般圖層（「圖層 1」圖層），而非「背景」圖層。

02 繪製形狀。這裡選取了工具列中「自訂形狀工具」❸，開啟「形狀」面板，按一下「形狀」面板選單❹，執行「舊版形狀和更多」命令❺，載入舊版形狀。

03 接著按一下選項列中的「形狀」，開啟自訂形狀揀選器❻。按一下「所有舊版預設形狀」，再按一下「動物」❼。

04 這次選取了「貓」❽，並且依照下圖設定選項列的項目。「填滿」的顏色可以選取任何顏色。

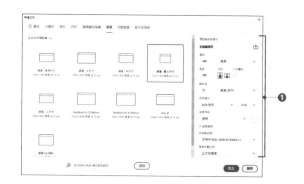

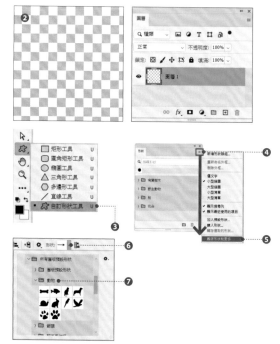

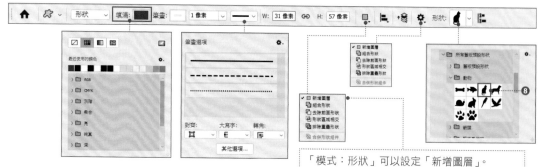

「模式：形狀」可以設定「新增圖層」。

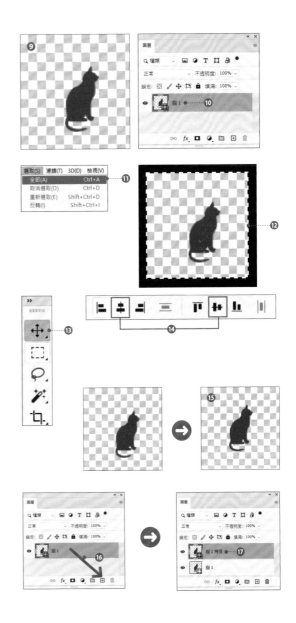

05 按住 shift 鍵不放，在畫面中央附近拖曳繪製形狀 ❾，這樣就能繪製出設定的貓咪形狀。此時，在「圖層」面板中的透明「圖層1」消失，建立新的形狀圖層 ❿。在這個階段，就算繪製的形狀沒有位於版面中央也沒關係。

06 在「圖層」面板選取形狀圖層，執行「選取→全部」命令 ⓫，選取整個背景內容 ⓬。

07 選取工具列中的「移動工具」 ✛ ⓭，在選項列依序按下「對齊水平居中」與「對齊垂直居中」 ⓮。

關於對齊，請參考 p.118 的說明。

08 這樣就能把形狀移動到版面的中央 ⓯。對齊之後，執行「選取→取消選取」命令，取消選取狀態。

09 把形狀圖層拖曳至「圖層」面板下方的「建立新圖層」鈕後放開 ⓰，拷貝圖層。

10 在「圖層」面板中，選取拷貝的圖層 ⓱，執行「濾鏡→其他→畫面錯位」命令。

11 開啟對話視窗。這次的範例是按下「轉換為智慧型物件」鈕 ⓲。

在「形狀」圖層套用濾鏡時，必須先將圖層點陣化或轉換為智慧型物件（p.128）。這個範例是轉換為智慧型物件。

217

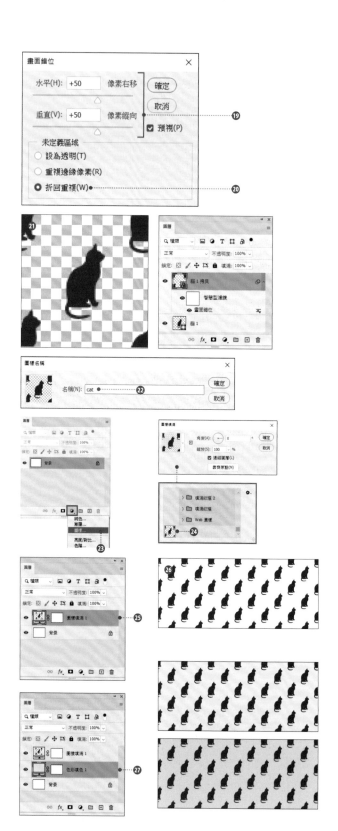

12 開啟「畫面錯位」對話視窗，「水平」與「垂直」都設定版面尺寸的一半「+50 像素」⑲，接著設定「未定義區域：折回重複」⑳，再按下「確定」鈕。

13 這樣形狀就會放置在畫面四邊，如右圖所示㉑。

> 在轉換為智慧型物件的形狀圖層套用「畫面錯位」濾鏡，會當作智慧型濾鏡，將資料保留下來。關於智慧型濾鏡請參考 **p.182** 的說明。

14 執行「編輯→定義圖層」命令，開啟「圖樣名稱」對話視窗，輸入圖樣名稱㉒，按下「確定」鈕，即可完成定義圖樣的步驟。

15 開啟新檔案，按下「圖層」面板下方的「建立新填色或調整圖層」鈕，執行「圖樣」命令㉓。

16 開啟「圖樣填滿」對話視窗，設定剛才定義的圖樣㉔，再按下「確定」鈕。

17 這樣就會建立圖樣填滿圖層㉕，在整個畫面填滿剛才定義的圖層，如右圖所示㉖。

18 這次圖樣的背景設定為透明，所以在圖樣圖層的下方建立色彩填色圖層，就可以呈現出各種顏色㉗。由此可知，定義圖樣的背景最好設定為透明。

> 關於填滿圖層（純色）請參考 **p.124** 的說明。

Lesson · 10

Exercise Lesson.

綜合練習

實際動手操作，練習影像合成技巧

這一章要練習製作範例，當作到目前為止
的重點整理。請一邊閱讀說明，一邊實際
動手操作，這樣不僅能瞭解 Phtooshop
各項功能的用法，還可以確認組合功能的
方法及實際運用的例子。

Lesson 10-1 練習影像合成！

接下來，要以「Travel」為主題，練習影像合成，當作到目前為止的複習。操作時，請一邊確認「圖層」面板的圖層結構，跟著內容操作，也別忘了要隨時儲存檔案。

練習影像合成！

接下要利用這一整章練習如右圖所示的影像合成方法。這個範例組合了本書第 1～9 章說明過的各種功能，還會根據實際狀況介紹新的功能，請務必動手操作，完成每個步驟，以提升個人的影像編修技巧。建議你可以利用排版與配色，嘗試進行創意影像合成。

素材影像

這次的綜合練習使用了右邊 5 張影像進行合成。

地圖影像（map.psd）　　天空影像（sky.psd）

飛機影像（airplane.psd）　物品影像（item1.psd）　METRO 影像（item2.psd）

（1）建立並儲存新檔案

接下來將開始執行影像合成。首先，建立影像合成用的新檔案。

01 執行「檔案→開新檔案」命令，開啟「新增文件」對話視窗，依照以下內容進行設定❶，再按下「確定」鈕❷。

- ▶ 檔案名稱：**travel**
- ▶ 寬度：**600 像素**
- ▶ 高度：**400 像素**
- ▶ 工作畫板：取消勾選
- ▶ 解析度：**72 像素**
- ▶ 色彩模式：**RGB 色彩 /8 位元**
- ▶ 背景內容：白色

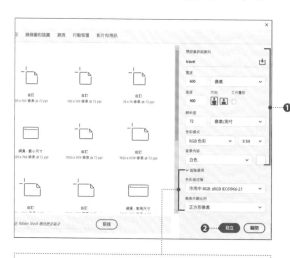

一般「色彩描述檔」（p.234）設定為「作用中RGB」，「像素外觀比例」設定為「正方形像素」。

02 建立檔案後，開啟如右圖所示的影像❸，在「圖層」面板建立「背景」圖層❹。順利建立新檔案之後，請執行「檔案→另存新檔」命令，將檔案儲存成 PSD 格式。另外，在後續的操作過程中，請隨時儲存檔案。

> ▸ **建立新檔案→** p.44
> ▸ **儲存檔案→** p.28

≡ **快 速 鍵** ≡
建立新檔案
Win: `Ctrl` + `N`　Mac: `⌘` + `N`

🔵（2）置入地圖

在建立的新檔案中，置入地圖影像（map.psd）。

01 執行「檔案→置入嵌入的物件」命令，在開啟的對話視窗中，選取「map .psd」（地圖影像），置入影像❶。

執行「置入」命令，就不用再另外更改圖層名稱或轉換成智慧型物件（**p.128**）。

X: 300.00 像　△ Y: 200.00 像　W: 70.00%　∞　H: 70.00%

02 以置入的檔案名稱建立圖層❷。另外，影像尺寸會配合版面大小自動調整，但是這次為了覆蓋整個版面，所以進行微調。
在選項列設定「W：70%」、「H：70%」❸。
基本上，後續不會再移動這張影像，所以先設定為鎖定（p.120）❹。

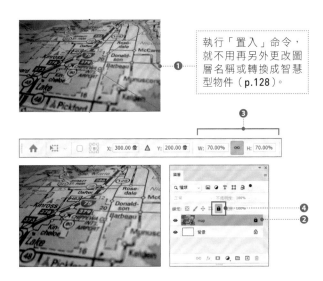

🔵（3）置入並合成天空影像

接著置入天空影像（sky.psd），利用圖層遮色片進行合成。

01 利用置入地圖影像的步驟，置入天空影像，並且調整影像尺寸（置入比例：85%）❶。

02 在「sky」圖層增加圖層遮色片，使用「漸層工具」■，編輯遮色片，如右圖所示，設定成可以看見底下的 map 圖層❷。
之後不會再移動這張影像，卻可能會編輯遮色片，因此先進行鎖定（鎖定位置）❸（p.120）。

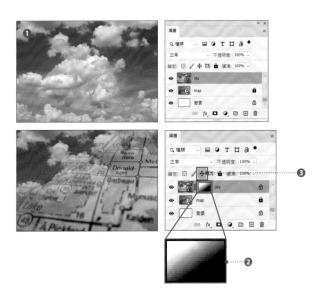

⟲（4）填滿圖層與混合模式

使用填滿圖層與混合模式合成影像。

01 使用任意顏色建立填滿圖層 ❶
（p.124），完成的結果會隨著設定
的顏色而改變。

02 將填滿圖層的混合模式（p.146）
更改為「柔光」❷，影像如右圖所
示❸。
之後不會再移動這個圖層，卻可能
會編輯填滿色彩或混合模式，所以
先加上鎖定(鎖定位置)❹(p.120)。

⟲（5）拷貝&貼上飛機影像

以拷貝&貼上方式置入飛機影像(airplane.
psd)。

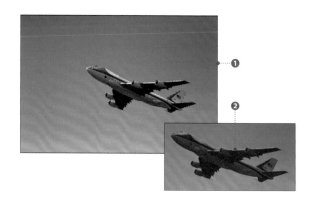

01 在 Photoshop 開啟飛機影像，建
立飛機的選取範圍。
先使用「魔術棒工具」 ✦ (p.84)
按一下天空背景，建立大致的選取
範圍 ❶，接著反轉選取範圍
(p.85)，再利用快速遮色片模式
(p.96)調整選取範圍❷。

02 執行「選取→修改→羽化」命令，
在選取範圍的邊緣套用「1 像素」
的模糊效果（p.110），接著執行
「編輯→拷貝」命令，拷貝物件❸。

03 回到主影像，執行「編輯→貼上」
命令，貼上飛機影像，圖層名稱更
改為「airplane」。
接著執行「圖層→修邊→修飾外
緣」命令，刪除飛機周圍的邊緣
（不要的顏色）（p.123）❹。

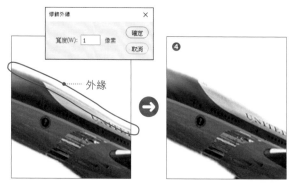

04 執行「圖層→智慧型物件→轉換
為智慧型物件」命令，把影像轉
換成智慧型物件（p.128）**❺**，
再執行「編輯→任意變形」命
令，調整尺寸與位置（40%）**❻**。

05 在「airplane」圖層套用「陰影」
圖層樣式，為飛機加上陰影**❼**
（p.143）。
接著新增「曲線」調整圖層**❽**
（p.56），設定剪裁遮色片**❾**
（p.141），把飛機調亮，結果如
右圖所示**❿**。

🔆（6）製作飛機雲

繪製飛機雲，營造出飛機在天空中飛行
的模樣。

01 在「airplane」圖層下方建立新
圖層，圖層名稱命名為「cloud」
❶。

02 使用「筆刷工具」 ✒.（p.156）
繪製白雲，如右圖所示**❷**，設定
「不透明度：70%」（p.131）**❸**。

🔆（7）置入物品影像並進行編修

置入物品影像（item1.psd），並且對影
像進行編修。

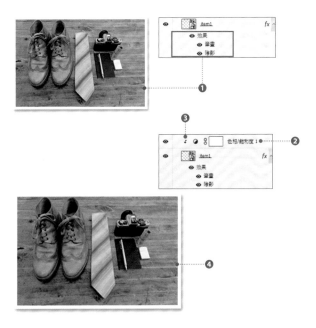

01 執行和地圖影像一樣的步驟，置
入物品影像，並且調整尺寸（置
入比例：40%）。
另外，套用「筆畫」圖層樣式，
加上邊緣，接著套用「陰影」圖
層樣式，加上陰影**❶**。

02 新增「色相 / 飽和度」調整圖層
❷（p.60、p.69），設定剪裁遮
色片**❸**，讓物品變成褐色調**❹**
（p.141）。

03 製作膠帶。使用「矩形工具」 □.繪製出矩形形狀（p.205），並將圖層名稱更改為「tape」❺。

04 編輯路徑（p.209），讓兩端變成鋸齒，製作出類似膠帶的形狀後，設定「不透明度：60%」，營造出透明感❻（p.131），接著傾斜膠帶❼。

這個範例製作的是白色膠帶，也可以變成彩色膠帶。

05 選取「itme1」圖層、調整圖層、「tape」圖層等三個圖層，建立群組❽（p.116），整體傾斜，營造出動態感，如右圖所示❾。

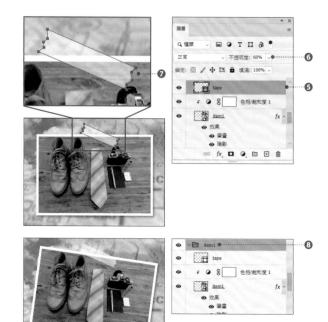

（8）編修 METRO 影像

置入 METRO 影像（item2.psd）並進行編修。

01 執行和地圖影像一樣的步驟，置入 METRO 影像，並且調整尺寸❶（置入比例：40%）。

02 按住 Alt（option）鍵不放，把套用在物品（「item1」圖層）的兩個圖層樣式（「筆畫」與「陰影」）拖曳到「item2」圖層上放開❷，加上邊緣與陰影❸。

03 按住 Alt（option）鍵不放，把套用在物品（「item1」圖層）的「色相 / 飽和度」調整圖層拖曳到「item2」圖層上放開❹，建立剪裁遮色片❺，讓 METRO 變成褐色調❻（p.141）。

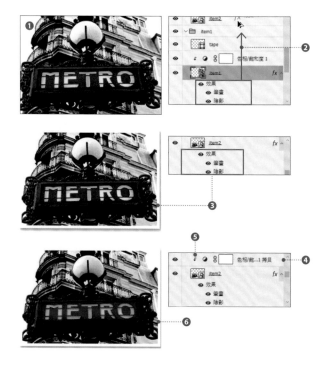

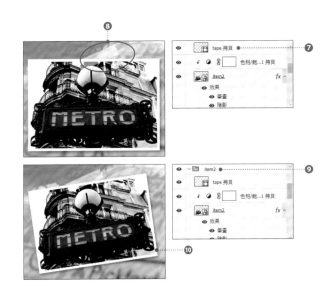

04 按一下選取物品（item1）製作的膠帶，按住 Alt（ option ）鍵不放，利用拖放方式拷貝**❼**，並且加上傾斜角度**❽**。

✎ 利用「圖層」面板拷貝物件，會放置在與拷貝來源相同的位置上，比較難分辨。因此，在畫面上拖曳拷貝後，在「圖層」面板調整圖層的重疊順序。

05 選取「item2」圖層、調整圖層拷貝、「tape 拷貝」圖層等三個圖層，建立群組**❾**，並在全部影像加上角度 。

文字物件和影像物件一樣，可以進行變形。

🔄（9）輸入文字

輸入文字當作視覺重點。這裡輸入了「bon voyage!」。

01 使用「文字工具」 T.輸入文字，建立文字圖層**❶**（p.196），傾斜文字，進行編排**❷**。

🔄（10）利用形狀加上視覺重點

運用儲存在 Photoshop 中的各種形狀（圖形），加上視覺重點。

01 選取「自訂形狀工具」 ⌖.，在選項列設定形狀**❶**，繪製形狀（p.216）。
這裡選擇了以下形狀資料庫，並使用其中的形狀**❷**。
- ▸「物件」繪圖筆刷鑰匙 2
- ▸「符號」指南針
- ▸「錯位分割」拼貼 3

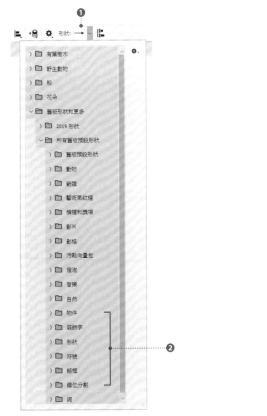

在影像上建立幾個形狀，調整大小與傾斜角度❸。

繪圖之後，將圖層改成比較容易辨別的名稱❹。

形狀圖層是不依賴解析度的向量影像，即使放大、縮小，畫質也不會變差（p.205）。

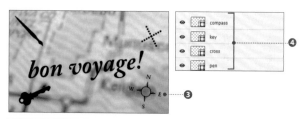

◐（11）完成

這樣就完成了❶。完成後將畫面顯示為100%（原尺寸），確認完成結果（p.33）。「圖層」面板應該如右圖所示❷。

執行全部的步驟，完成右圖影像後，這次要使用圖層構圖功能（p.121），製作幾個設計提案的應用變化，試著比較看看。經過各種練習之後，就能學會如何應用。

實用的延伸知識！ ▶ **切換顯示或隱藏各種面板**

按下 tab 鍵，可以暫時隱藏工具列與面板，讓畫面變寬廣，比較容易確認完成結果。如果要重新顯示，只要再次按下 tab 鍵即可。

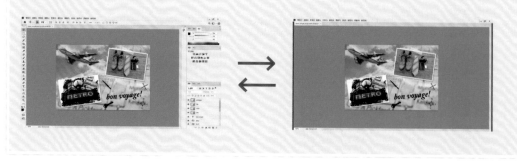

Lesson · 11

Useful Functions.

方便的功能

可以提升操作性及工作效率的設定與功能

這一章要介紹在開始編修影像前,一定要
知道的實用功能。雖然不曉得這些技巧也
可以編修影像,但是瞭解之後,就能大幅
提高工作效率。

11-1 偏好設定的基本知識

Photoshop 的「偏好設定」對話視窗可以設定與 Photoshop 有關的各種項目。以下要介紹瞭解之後，就很方便的主要設定。

🔵 確認偏好設定

執行以下步驟，可以進行 Photoshop 的偏好設定。

01 執行「編輯（Mac 版是 Photoshop CC）→偏好設定→一般」命令❶，開啟「偏好設定」對話視窗。

02 顯示「一般」類型中的設定項目，更改目標項目❷。

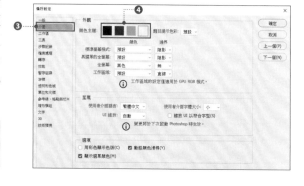

03 如果後續還要設定其他項目，一開始先在左邊的類型清單中，選取目標類型。這個範例是選取「介面」❸，更改「顏色主題」❹。按下對話視窗中的「確定」鈕，就能更改 Photoshop 的外觀，如下圖所示❺。

這次選擇了「一般」類別，假如你已經確定要設定的項目，請直接選取該類別。

➡

「一般」類別
可以設定檢色器（**p.153**）以及幾個選項。

・「置入時重新調整影像尺寸」
勾選之後❶，執行「置入」命令，或從另外的視窗，以拖放方式置入影像時，會根據主影像的尺寸，自動調整置入的影像大小。

・「當置入時永遠建立智慧型物件」
勾選之後❷，置入影像時，會轉換成智慧型物件（**p.128**）。取消勾選，則當作一般像素置入。

「介面」類別
可以設定 Photoshop 的畫面外觀（介面）。

・「顏色主題」
可以調整介面顏色（文件區域或面板類的顏色）❶。

「工作區」類別
可以設定與 Photoshop 工作區有關的項目。

・「以標籤方式開啟新文件」
取消勾選後❶，會以不同視窗顯示多個檔案。

「工具」類別
切換顯示或隱藏工具提示，以及顯示或隱藏變形值等。

・「動畫的縮放」
勾選之後❶，使用「縮放顯示工具」，長按畫面時，會逐漸放大或縮小。

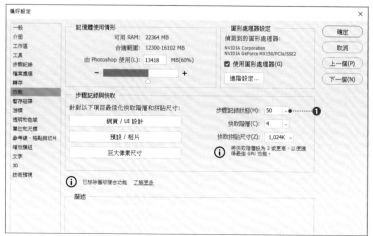

「效能」類別

可以設定分配給 Photoshop 的記憶體大小、能儲存的步驟記錄數量、快取尺寸等。

‧「步驟記錄與快取」區域
在「步驟記錄狀態」可以設定「步驟記錄」面板中，能儲存的步驟記錄上限筆數❶。設定成較大的數值，比較方便回到過去的步驟，相對也會消耗較多的記憶體，必須特別注意。

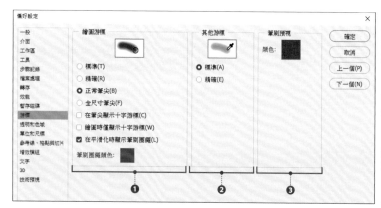

「游標」類別

可以設定滑鼠游標的形狀及顏色。配合編輯影像的顏色與特性來調整，比較方便進行編修操作。

‧「繪圖游標」區域
設定「筆刷工具」等繪圖類工具的游標顯示格式❶。

‧「其他游標」區域
設定繪圖類工具以外的游標顯示格式❷。

‧「筆刷預視」區域
設定筆刷的預視顏色❸。

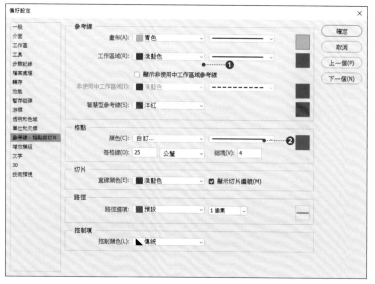

「參考線、格點與切片」類別

可以設定參考線及切片的顏色、格點的間距與分割數量等。

‧「智慧型參考線」
設定智慧型參考線的顏色❶。

‧「切片」區域
設定切片的顏色及編號❷。

Lesson 11-2　儲存常用的設定

使用 Photoshop 提供的「預設集管理員」，可以先將操作時經常用到的設定儲存起來。（此單元的說明適用 2019 之前的版本，2021 的預設集管理員只提供工具及輪廓的預設集）

利用預設集管理員管理設定

每次進行編修操作時，都要重新設定筆刷的形狀、顏色等，實在很麻煩。只要先將常用的設定儲存在「預設集管理員」，日後使用就很方便。

預設集（Preset）是指，「事先準備好的設定」。以下將以儲存筆刷設定為例來進行解說。

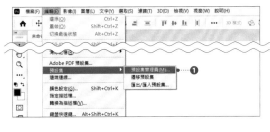

01 執行「編輯→預設集→預設集管理員」命令❶，開啟「預設集管理員」對話視窗。

02 在「預設集類型」選取目標功能❷。如右圖所示，選取「筆刷」之後，就會和「筆刷工具」 ✎ 等繪圖類工具選項列提供的「筆刷預設揀選器」一樣，顯示相同的畫面❸。

利用快速鍵也可以切換預設集的種類❹。

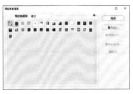

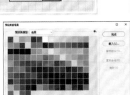

03　利用預設集揀選器面板選單，可以
　　載入筆刷資料庫❺。這個範例載入
　　了「各類筆刷」❻。

04　開啟對話視窗，按下「確定」鈕❼，
　　能把各類筆刷新增至現有的筆刷中
　　❽。按下筆刷群組左邊的 >，就會展
　　開顯示筆刷。

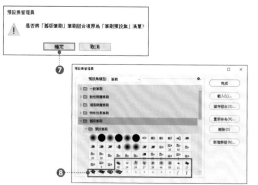

05　整理筆刷。選取不使用的筆刷❾，
　　按下「刪除」鈕❿，即可刪除選取
　　的筆刷。

　　如果要一次刪除多個筆刷，請按住 shift 鍵或
　　Ctrl（⌘）鍵，選取要刪除的筆刷即可。若
　　按住 Alt（option）鍵不放，在筆刷上按一下，
　　會直接刪除筆刷。

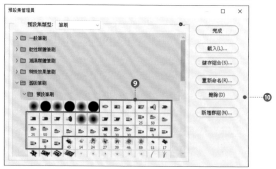

06　整理完成後，儲存筆刷。
　　選取要儲存的筆刷（這裡要儲存全部
　　的筆刷，所以利用 Ctrl（⌘）＋ A 鍵，
　　選取全部的筆刷）⓫，再按下「儲存
　　組合」鈕⓬。

07　開啟「另存新檔」對話視窗，設定「檔
　　案名稱」與「位置」（儲存位置）⓭，
　　按下「存檔」鈕。儲存筆刷組合的
　　檔案副檔名為 .abr ⓮。

08 如果要載入已經儲存的筆刷組合檔案，按下「載入」鈕**⑮**，選取要載入的筆刷。

如果將筆刷組合儲存在預設的「Brushes」檔案夾內，重新啟動 Photoshop 後，該組合就會自動顯示在「筆刷預設揀選器」面板選單的筆刷資料庫清單最下面**⑯**。

如果想將筆刷組合傳給其他人，或匯入不同作業環境時，請儲存在桌面等比較容易辨別的地方。

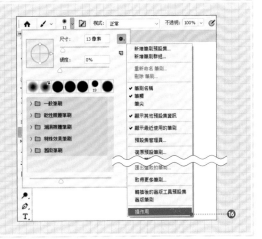

實用的延伸知識！ ▶ **重置預設集**

使用預設集管理員，可以分別自訂各個預設集，但是隨著操作步驟增加，預設集的內容會變得比較複雜。此時，可以先重置，恢復成預設狀態，再重新設定。

如果要將自訂後的預設集恢復成預設狀態，可以按一下「預設集管理員」對話視窗中的預設集揀選器面板選單**❶**，執行「重設筆刷」命令**❷**。

如果沒有任何清單，就會直接恢復成預設狀態，但是清單內若有預設集，就會開啟對話視窗，請按下「確定」鈕**❸**。按下「確定」鈕之後，就會以加入預設狀態復原。不是將清單重設成預設狀態，而是加入預設值，請特別注意這一點。

另外，在清單內有預設值的狀態重複執行上述操作，就會不斷加入預設筆刷。

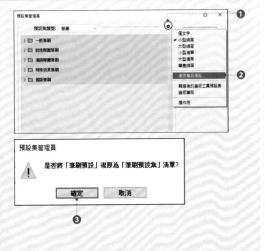

11-3 色彩管理與顏色設定

使用 Photoshop 編輯的影像，若想印刷出預期的顏色，必須具備色彩管理的基本知識與 Photoshop 的顏色設定技巧。

不同的輸出設備會讓顏色產生差異？

影像的色彩資訊（像素顏色）是以「R：100」、「G：50」、「B：25」等數值資料來管理，所以會讓人產生任何設備都能輸出相同顏色的錯覺。可是，我想應該有不少人都有過，使用多個螢幕或實際印刷時，「輸出影像的顏色與操作時的顏色看起來不一樣。」的經驗。

產生這種現象的原因主要有以下三點。

❶ 螢幕或印表機的設定不適當
❷ 使用的色彩模式不適當
❸ 描述檔的設定不適當

第一個原因是「螢幕或印表機的設定」。我想你應該瞭解，各種輸出設備都會提供設定選單，可以調整輸出顏色的亮度與色溫。如果這些設定不正確，就無法輸出正確的顏色 **圖1**。

另外，「使用的色彩模式」也很重要。在 Photoshop 可以使用 sRGB、Adobe RGB、CMYK 等色彩模式，可是這些色彩模式能表現的色域不同。例如，使用 sRGB 的影像，若用 CMYK（商用列印）輸出時，相同數值會輸出不同顏色 **圖2**。CMYK 的顏色表現範圍比 sRGB 窄，有時顏色會顯得略微黯沉。

最後，「描述檔的設定」也非常重要。描述檔是指「這個影像請以 Adobe RGB 輸出」的指示。在影像檔案中會先嵌入描述檔，如果設定不正確，自然無法使用正常的顏色進行印刷 **圖3**。

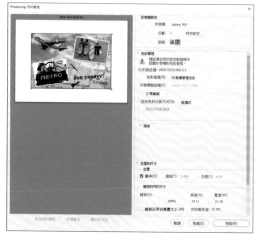

圖1 我們可以依照各個設備來設定，萬一設定不正確，就無法輸出正確的顏色。

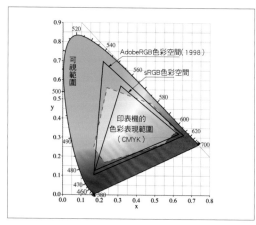

圖2 由於色彩模式可以表現的顏色範圍不同，如果希望各種設備能輸出預期的顏色，必須先瞭解不同設備可以處理的色彩模式。

圖3 使用中的影像色彩模式與影像檔案設定的描述檔不一致時，就無法輸出正確的顏色。

🌀 何謂色彩管理

上一頁說明過，實際輸出的顏色會隨著輸出設備而異。因此，不能放著不管。必須想辦法呈現出預期的顏色。色彩管理是指在各種螢幕或印表機等多種設備之間，盡量統一輸出顏色的手法。也可以說是針對前面提到的❶～❸點，進行正確的設定工作。

關於❶的「螢幕或印表機的設定」，如果要仔細設定，需要有可以測量螢幕或印表機輸出值的特殊設備，因此本書省略不提。首先，請選擇適當的色彩模式，並且先設定正確的描述檔。

🌀 影像的使用目的與「設定」項目

色彩模式與描述檔的設定是執行「編輯→顏色設定」命令，開啟「顏色設定」對話視窗，進行設定❶。一般請先設定 Photoshop 提供的預設集（「設定」項目）❷。在「顏色設定」對話視窗中，可以進行非常詳細的設定，但是除非精通且徹底瞭解各項設定用途，否則不建議這樣做。

☑ 影像的使用目的與「設定」項目

如果要把影像當作印刷品，請選擇「設定：日式印前作業 2」❸。此外，若要用在網頁上，請選擇「設定：日本網頁 / 網際網路」❹。更改「設定」項目時，其他項目內容也會跟著調整。

> 「轉換選項」可以設定「引擎」和「方式」。
> 另外「進階控制」能設定 Gamma 調整等。
> 但是若要妥善設定這些項目，需要具備豐富的知識，在你還不熟悉時，建議不要修改。

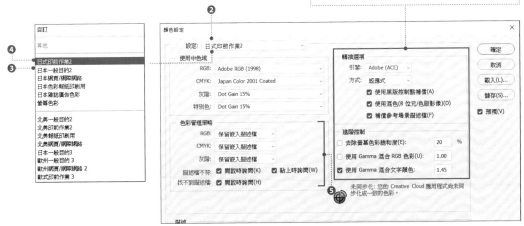

> 「色彩管理策略」❺，可以設定如何運用這張影像的色彩管理。如果沒有特殊理由，基本上請選擇「保留嵌入描述檔」。另外，「描述檔不符」與「找不到描述檔」都需要進行確認，請先勾選起來（**p.236**）。

Lesson 11 ｜ 方便的功能

「找不到描述檔」與「描述檔不符」

別人提供的影像檔案或使用數位相機拍攝的影像，匯入 Photoshop 時，可能會出現如右圖的提醒對話視窗。這些對話視窗代表開啟的影像沒有嵌入描述檔，或嵌入的描述檔與使用中的 Photoshop 顏色設定不一致。

當出現這些提醒對話視窗時，一定要妥善處理。在搞不清楚的狀況下，隨便選擇，可能會讓影像顏色出現意料之外的變化。

最理想的情況是，將檔案傳給別人時，彼此共享設定，以避免出現這種提醒對話視窗。

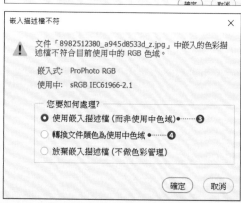

開啟影像後，執行「編輯→指定描述檔」命令，開啟「指定描述檔」對話視窗，就能設定描述檔。另外，執行「編輯→轉換為描述檔」命令，也可以轉換描述檔。

● 提醒對話視窗的種類

描述檔的狀況	說明
找不到描述檔	想要開啟的影像沒有嵌入描述檔時，會顯示這種提醒視窗。❶直接開啟，或❷設定正確的描述檔（設定使用中的顏色設定或任意描述檔）。
嵌入描述檔不符	想要開啟的影像，其嵌入的描述檔與使用中的顏色設定不一致時，會顯示這種提醒視窗。想開啟的檔案中，通常會嵌入描述檔，所以一般會選取❸「使用嵌入描述檔（而非使用中色域）」。這樣可以在不改變描述檔的狀態下，開啟檔案。根據實際狀況，有時會選擇❹「轉換文件顏色為使用中色域」。
貼上描述檔不符	想要貼上的影像描述檔與使用中影像的描述檔不一致時，會顯示這種提醒視窗。假如要維持外觀，請選擇❺「轉換（保留色彩外觀）」。若想保留色彩值（RGB 值等），請選擇❻「不要轉換（保留色彩數目）」。

Lesson 11-4 使用「Bridge」檢視、整理影像

利用 Photoshop 的選單列，啟動「Adobe Bridge」，可以有效率地比較、整理影像。

何謂 Adobe Bridge

Adobe Bridge（以下簡稱 Bridge）是可以統一管理或比較多張影像的軟體。在 Photoshop 的選單列中，執行「檔案→在 Bridge 中瀏覽」命令❶，就可以啟動。

按一下選取影像。在選取的影像上，雙按滑鼠左鍵，就會在 Photoshop 開啟影像。

在空白處按一下，可以取消影像的選取狀態。

● Bridge 的畫面結構

構成元素	說明
❶ 選單列	包含切換顯示格式、在檔案加上標籤等，對「內容」面板中的影像進行各種處理的項目。
❷「我的最愛」面板	可以儲存影像的位置，利用電腦中的階層來進行設定。
❸「內容」面板	顯示在「我的最愛」面板中，設定階層內的影像。
❹ 路徑列	顯示路徑，按一下就能回到該階層。
❺「預視」面板	顯示在「內容」面板中選取的影像預視狀態。
❻「發佈」面板	按一下發佈服務，拖曳影像，就能發佈該影像。
❼「中繼資料」面板	顯示在「內容」面板中，選取影像的中繼資料（類型、檔案大小等資料）。
❽「關鍵字」面板	建立關鍵字，用來分類影像。
❾「篩選器」面板	根據加在影像中的關鍵字或等級進行篩選。

◐ 顯示影像

執行以下步驟，可以利用 Bridge 顯示影像。

01 設定儲存在「我的最愛」面板或「檔案夾」面板中的影像❶。

02 在「內容」面板中，顯示影像或檔案夾❷。

同時在路徑列會顯示開啟中的檔案夾路徑❸。

在檔案夾雙按滑鼠左鍵，就會顯示裡面的檔案夾或檔案。

◑ 放大、縮小影像與顯示格式

利用畫面右下方的滑桿與按鈕，可以更改顯示在「內容」面板中的縮圖影像尺寸及顯示格式。

左右移動滑桿，能調整縮圖的尺寸❶。

分別按下各個按鈕，可以更改顯示格式❷。

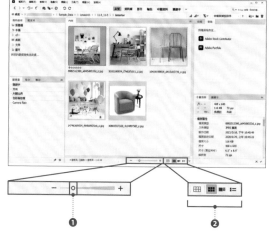

實用的延伸知識！ ▶ **影像的顯示格式**

按下畫面右下方的顯示格式按鈕，可以更改顯示在「內容」面板中的影像顯示格式。此外，選取縮圖顯示時，可以設定「鎖定縮圖格點」。

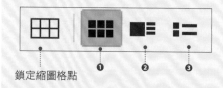

鎖定縮圖格點 ❶ ❷ ❸

8982512380_a945d 9182180854_f7e63f 10419199854_d415 14746369554_469b 30803557320_4c34
8533d.jpg   1011_z.jpg   c65739_o.jpg   0935e6_z.jpg   f8758f_z.jpg

❶ 檢視內容縮圖

8982512380_a945d8533d_z.jpg
製作日期: 2021/5...下午 10:40:49
修改日期: 2020/6...上午 10:45:22
116 KB
文件類型: JPEG 檔案
468 x 640 @ 72 ppi
色彩描述檔: 未標記

❷ 檢視內容詳細資料

名稱 ↑	製作日期	大小	類型	分級
8982512380_a945d8533d_z.jpg	18 5 月	116 KB	JPEG 檔案	
9182180854_f7e63f1011_z.jpg	18 5 月	150 KB	JPEG 檔案	
10419199854_d415c65739_o.jpg	18 5 月	19 KB	JPEG 檔案	
14746369554_469b0935e6_z.jpg	18 5 月	104 KB	JPEG 檔案	
30803557320_4c34f8758f_z.jpg	18 5 月	60 KB	JPEG 檔案	

❸ 檢視內容清單

⚙ 一邊切換一邊比較影像

如果想在「內容」面板切換影像,同時在「預視」面板放大顯示影像時,可以將「內容」面板的標籤往「檔案夾」面板的標籤旁拖曳後放開①,或者將「內容」面板與「預視」面板之間的邊界往左拖曳②,放大「預視」面板。

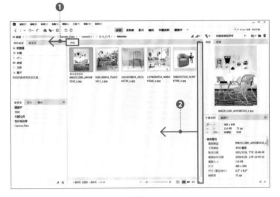

放大「預視」面板的顯示區域,可以快速切換影像並且進行確認設定分級與標籤

> 如上述說明,拖放面板標籤可以隨意更改各面板的位置。請利用這種方法,調整成比較方便操作的版面。
> 此外,選取選單列「視窗」下的面板名稱,可以切換顯示或隱藏面板③。執行「視窗→工作區」命令④,能切換工作區或重設工作區。

⚙ 設定分級與標籤

Bridge 可以在各個影像加上分級與標籤。

在「內容」面板選取了影像後,執行「標籤→★★★」命令①,就能設定分級。

如果要加上標籤,可以執行「標籤→任意標籤」命令②。

這樣就可以在影像設定分級與標籤③④。

> 設定好的分級與標籤可以用來篩選影像。在「篩選器」面板中,能設定篩選方式⑤⑥。

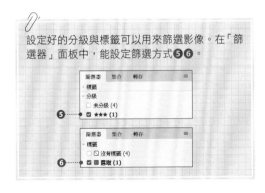

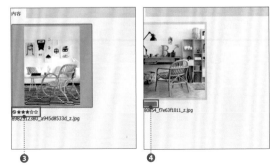

11-5 利用自動處理更改檔案名稱

利用 Photoshop（Bridge）內建的「重新命名批次處理」功能，可以透過自動處理更改大量的影像檔案名稱。如果要操作多個檔案，使用這個功能就很方便。

🔵 Photoshop 的批次處理

可以依照指定的次數，重複執行事先決定的處理內容，就稱作「批次處理」。學會如何使用批次處理，就能將「重複相同操作」的麻煩工作自動化。

這次要介紹使用 Photoshop（Bridge）提供的「重新命名批次處理」功能，在不同於原本檔案的其他檔案夾，拷貝更改了檔案名稱的檔案。

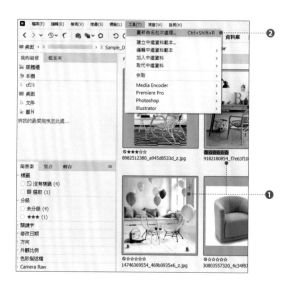

01 在 Bridge 的「內容」面板選取要更改檔案名稱的影像❶，執行「工具→重新命名批次處理」命令❷。

> 執行「編輯→全部選取」命令，可以選取所有影像。此外，按住 Ctrl（⌘）鍵不放並按一下影像，可以選取位置不相鄰的多個影像。

02 開啟「重新命名批次處理」對話視窗，在「目的地檔案夾」選取「拷貝至其他檔案夾」❸，按下「瀏覽」鈕❹。

03 按下滑鼠右鍵，執行「新增資料夾」命令❺，建立「新資料夾」，設定名稱❻。右圖是在桌面建立「interior_ 更改檔案名稱」新資料夾。
設定好正確的拷貝位置後，在「瀏覽」鈕右側就會顯示路徑❼。

04 在「目的地檔案夾」區設定要用批次處理更改檔案名稱的路徑❽。按下 + 可以增加設定，按下 – 可以刪除設定❾

這次使用了「文字」與「順序編號」的設定，更改檔案名稱。在「文字」欄位輸入字串，設定「順序編號」的起始號碼及位數。

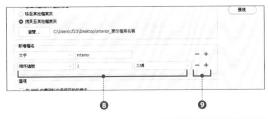

檔案名稱的設定方法有以下這些選項，你可以組合這些設定。

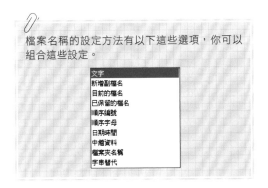

05 這樣就完成設定了。按下對話視窗右上的「預視」鈕❿，就可以預覽指定的檔案名稱會產生何種變化⓫，畫面右側是更改後（拷貝後）的檔案名稱。

06 確認預覽結果沒有問題後，就可以實際執行批次處理。按下「重新命名」鈕⓬。

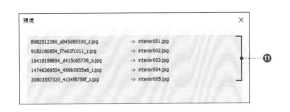

07 這樣就會執行批次處理，在指定的儲存位置（指定的檔案夾內）拷貝更改了檔案名稱的檔案⓭。

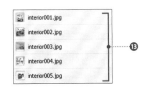

在 Step2 選取了「在相同檔案夾內重新命名」時，會直接修改原本的檔案名稱。若選取了「移至其他檔案夾」，會將原本的檔案移動至指定的檔案夾。

Lesson 11-6　運用快速鍵

習慣 Photoshop 的操作之後，建議可以運用快速鍵來進行操作。若能妥善運用快速鍵，就能提高工作效率。

記載快速鍵的位置

在 Photoshop 中，選單命令或工具列的工具名稱右邊都會記載著快速鍵❶❷。部分命令或工具沒有快速鍵，但是一般常用的部分都有快速鍵，所以請視狀況逐一記下來。

另外，如右圖所示，相同群組的工具使用的快速鍵是一樣的。如果要切換同一群組中的其他工具，可以按住 shift 鍵不放，並按下快速鍵。例如，按下 shift ＋ B ，即可依序切換「筆刷工具」群組內的工具。

確認與設定快速鍵

在「鍵盤快速鍵和選單」對話視窗中，可以確認對應的快速鍵。此外，在這個對話視窗中，還能自訂快速鍵。

01 執行「編輯→鍵盤快速鍵」命令，開啟「鍵盤快速鍵和選單」對話視窗，選取「鍵盤快速鍵」標籤❶。

02 按下「根據目前的快速鍵組建立新組合」鈕❷，開啟「另存新檔」對話視窗，輸入檔案名稱❸，再按下「存檔」鈕❹。

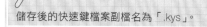

儲存後的快速鍵檔案副檔名為「.kys」。

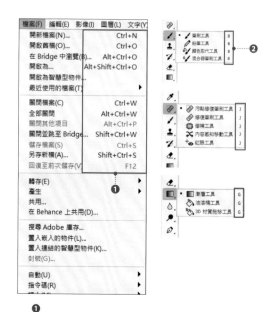

242

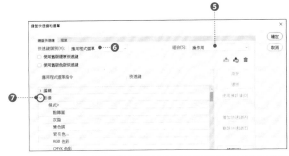

03 右上方的「組合」會變成剛才儲存的組合名稱❺。

這裡要對執行「影像→裁切」命令時，設定快速鍵。在左上方的「快速鍵類別」選取「應用程式選單」❻，按下「影像」選單左邊的▼，展開選單❼。

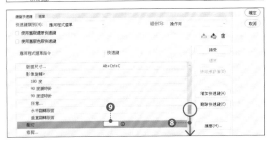

04 拖曳右側的捲軸❽，移動到「裁切」選項，按一下選取該選項，就會在畫面中央顯示輸入欄❾。

在此狀態按下鍵盤的按鍵，會將該內容顯示在輸入欄❿。

假如新設定的快速鍵已經使用於其他功能，輸入欄的右側會顯示提醒標誌。關於因應方法，請參考下面「實用的延伸知識！」。

05 如果要儲存設定的快速鍵，只要按下「接受」鈕⓫，即可完成自訂快速鍵的步驟。儲存之後，就會使用右上方「組合」中選取的快速鍵組合⓬。如果要恢復原狀，請在此選取「Photoshop預設值」。

實用的延伸知識！ ▶ **設定的快速鍵已在使用中**

如果自訂的快速鍵已經在使用中，輸入欄的右邊會顯示提醒標誌❶。當出現這個標誌時，可以採取以下方法來因應。

（1）設定其他快速鍵。
（2）更改目前使用中的快速鍵。

若要更改現在使用中的快速鍵，可以按下「接受並跳至衝突發生處」鈕❷，更改該功能的快速鍵。

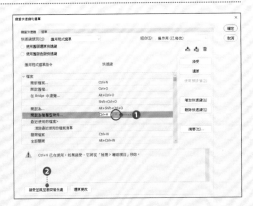

● 主要的快速鍵清單

命令	Mac	Windows
「檔案→開新檔案」	⌘+N	Ctrl+N
「檔案→儲存檔案」	⌘+S	Ctrl+S
「檔案→另存新檔」	⌘+shift+S	Ctrl+shift+S
「檔案→開啟舊檔」	⌘+O	Ctrl+O
「檔案→關閉檔案」	⌘+W	Ctrl+W
「檔案→列印」	⌘+P	Ctrl+P
「檔案→結束」（Windows）／「Photoshop→結束」（Mac）	⌘+Q	Ctrl+Q
「檢視→顯示全頁」	⌘+0	Ctrl+0
「檢視→100%」	⌘+1	Ctrl+1
「檢視→放大顯示」	⌘++	Ctrl++
「檢視→縮小顯示」	⌘+−	Ctrl+−
「檢視→尺標」（切換顯示或隱藏尺標）	⌘+R	Ctrl+R
暫時切換成「手形工具」	space	space
暫時切換成「手形工具」（編輯文字時）	option	Alt
「縮放顯示工具」（放大）	⌘+space	Ctrl+space
「縮放顯示工具」（縮小）	⌘+option+space	Ctrl+Alt+space
「編輯→拷貝」	⌘+C	Ctrl+C
「編輯→貼上」	⌘+V	Ctrl+V
「編輯→選擇性貼上→貼入範圍內」	⌘+shift+V	Ctrl+shift+V
「編輯→剪下」	⌘+X	Ctrl+X
「編輯→任意變形」	⌘+T	Ctrl+T
「編輯→還原⇆重做」	⌘+Z	Ctrl+Z
「編輯→退後」	⌘+option+Z	Ctrl+Alt+Z
「編輯→向前」	⌘+shift+Z	Ctrl+shift+Z
「選取→全部」	⌘+A	Ctrl+A
「選取→取消選取」	⌘+D	Ctrl+D
「選取→重新選取」	⌘+shift+D	Ctrl+shift+D
「選取→反轉」	⌘+shift+I	Ctrl+shift+I
標準模式⇆快速遮色片模式	Q	Q
「圖層→新增→圖層」	⌘+shift+N	Ctrl+shift+N
「圖層→新增→拷貝的圖層」	⌘+J	Ctrl+J
「圖層→群組圖層」	⌘+G	Ctrl+G
「圖層→解散圖層群組」	⌘+shift+G	Ctrl+shift+G
預設的前景和背景色	D	D
切換前景和背景色	X	X
放大筆刷尺寸	]	]
縮小筆刷尺寸	[	[

◐ 關於本書使用的影像

本書使用的影像是來自以下作品。其中，部分影像是透過創意公用授權條款（Creative Commons License：http://creativecommons.jp/licenses/）取得許可，由下列著作者對照片進行編輯、加工後的結果。關於影像的著作權，請利用本書的下載檔案以及各頁面進行確認。

Photoshop 超完美入門 (暢銷第二版)

作　　者：Yumi Makino
譯　　者：吳嘉芳
企劃編輯：王建賀
文字編輯：江雅鈴
設計裝幀：張寶莉
發　行　人：廖文良

發　行　所：碁峰資訊股份有限公司
地　　址：台北市南港區三重路 66 號 7 樓之 6
電　　話：(02)2788-2408
傳　　真：(02)8192-4433
網　　站：www.gotop.com.tw
書　　號：ACU083100
版　　次：2021 年 08 月初版
　　　　　2024 年 01 月初版六刷
建議售價：NT$480

國家圖書館出版品預行編目資料

Photoshop 超完美入門 / Yumi Makino 原著；吳嘉芳譯. -- 初版. --
　臺北市：碁峰資訊, 2021.08
　　面；　公分
　ISBN 978-986-502-910-4(平裝)
　1.數位影像處理
312.837　　　　　　　　　　　　　　110012424